建筑施工安全技术与管理研究

JIANZHU SHIGONG ANQUAN JISHU YU GUANLI YANJIU

刘臣光◎著

新 华 出 版 社

图书在版编目（CIP）数据

建筑施工安全技术与管理研究 / 刘臣光著 . -- 北京：新华出版社，2021.1

ISBN 978-7-5166-5674-7

Ⅰ . ①建… Ⅱ . ①刘… Ⅲ . ①建筑施工 – 安全管理 – 研究 Ⅳ . ① TU714

中国版本图书馆 CIP 数据核字（2021）第 033867 号

建筑施工安全技术与管理研究

作　　者：刘臣光

责任编辑：蒋小云　　**封面设计：**中尚图

出版发行：新华出版社
地　　址：北京石景山区京原路 8 号　　**邮编：**100040
网　　址：http://www.xinhuapub.com
经　　销：新华书店
购书热线：010-63077122　　**中国新闻书店购书热线：**010-63072012

照　　排：黄双双
印　　刷：天津中印联印务有限公司
成品尺寸：240mm × 170mm
印　　张：16　　**字　　数：**228 千字
版　　次：2021 年 3 月第一版　　**印　　次：**2021 年 3 月第一次印刷

书　　号：ISBN 978-7-5166-5674-7
定　　价：59.00 元

安全是人类生产、生活和生存的基本需要，随着社会经济的发展和人类文化的进步，这种需求日益广泛和提高。加强安全生产管理，提高安全科技水平，有效预防生产和生活中的各类事故，不断促进安全生产形势的好转，已成为各国政府和各个行业管理及从业人员的共识和要求。随着我国建筑业的迅速发展，建筑规模越来越大，复杂程度越来越高，而保证施工安全的难度也就越来越大，使得建筑业成为一个危险源多，事故率较高的行业。尽管近年来我国建筑业安全生产呈现总体稳定持续好转的发展态势，但是由于现有安全管理人员和施工队伍素质偏低等原因，建筑施工安全形势依然严峻。因此近年来，建筑工程安全生产受到越来越广泛的重视，建筑行业对安全专业人才的需求也愈来愈迫切。

作为土木工程、工程管理等土建类专业就业岗位之一的安全员，肩负着施工现场安全管理的重要职责，在建筑安全施工中发挥着至关重要的作用。培养合格的安全员，提高安全员的职业素质和职业技能，是推进建筑施工企业科学化、规范化、系统化安全管理的根本保障。

基于以上原因，同时为贯彻“安全第一、预防为主”的方针，落实现场管理人员的安全责任，便于广大建筑施工人员及其他从业人员学习、了解、掌握、运用安全生产的方针政策、法律法规、规范标准及基本专业知识，加强施工现场安全管理及完善安全生产管理资料，科学评价建筑安全生产情况，提高安全生产管理水平，而预防各类事故发生，为此我们编写了此书。

在本书的策划和编写过程中，曾参阅了国内外有关的大量文献和资料，从其中得到启示；同时也得到了有关领导、同事、朋友及学生的大力支持与帮助。在此致以衷心的感谢！由于网络信息安全的技术发展非常快，本书的选材和编写还有一些不尽如人意的地方，加上编者学识水平和时间所限，书中难免存在缺点和谬误，敬请同行专家及读者指正，以便进一步完善提高。

目录
CONTENTS

第一章　土方工程

土方工程是建筑工程施工中主要的工程之一，土方工程施工具有施工面广、工程量大、施工工期长、劳动强度大；施工条件复杂，又多为露天作业，受气候、水文、地质条件的影响较大；不可预见因素多等特点。

土方工程包括挖土、运输、填筑、压实等主要施工过程，以及场地清理、测量放线、施工排水、降水和土壁支撑等准备工作与辅助工作。常见的土方工程有场地平整、基坑（槽）与管沟开挖、挖土方和土方回填。

第一节　土的工程分类及工程物理性质

一、土的工程分类

土的种类繁多，分类方法也很多。在建筑施工中，通常按照土的坚硬程度和开挖的难易程度将土分为八类，见表 1–1。前四类为土，后四类为岩石。不同土的物理性质与力学性质不同，只有合理掌握土的特性及对施工的影响，才能正确选择土方开挖的施工方法。

表 1–1　土的工程分类

土的分类	土的级别	土的名称	开挖方法及工具
一类土 （松软土）	Ⅰ	砂土；粉土；冲积砂土层；疏松的种植土；泥炭（淤泥）	用锹、锄头挖掘，少许用脚蹬
二类土 （普通土）	Ⅱ	粉质黏土；潮湿的黄土；夹有碎石、卵石的砂；粉土混卵（碎）石；种植土及填土	用锹、条锄挖掘，少许用镐翻松

续表

土的分类	土的级别	土的名称	开挖方法及工具
三类土（坚土）	Ⅲ	软及中等密实黏土；重粉质黏土；砾石土；干黄土及含碎石、卵石的黄土、粉质黏土；压实的填土	主要用镐，少许用锹、条锄挖掘，部分用撬棍
四类土（砂砾坚土）	Ⅳ	坚硬密实的黏性土或黄土；含碎石、卵石的中等密实的黏性土或黄土；粗卵石；天然级配砂石；软泥灰岩	整个先用镐、撬棍，后用锹挖掘，部分用楔子及大锤
五类土（软石）	Ⅴ ~ Ⅵ	硬质黏土；中等密实的页岩、泥灰岩、白垩土；胶结不紧的砾岩；软石灰及贝壳石灰石	用镐或撬棍、大锤挖掘，部分用爆破方法
六类土（次坚石）	Ⅶ ~ Ⅸ	泥岩、砂岩、砾岩；坚实的页岩、泥灰岩、密实的石灰岩；风化花岗岩、片麻岩及正长岩	用爆破方法开挖，部分用风镐
七类土（坚石）	Ⅹ ~ Ⅷ	大理岩；辉绿岩；玢岩；粗、中粒花岗岩；坚实的白云岩、砂岩、砾岩、片麻岩、石灰岩；微风化的安山岩、玄武岩	用爆破方法开挖
八类土（特坚石）	ⅩⅣ ~ ⅩⅥ	安山岩；玄武岩；花岗片麻岩；坚实的细粒花岗岩、闪长岩、石英岩、辉长岩、辉绿岩、玢岩、角闪岩	用爆破方法开挖

二、土的工程物理性质

（一）土的含水量

土的含水量是土中水的质量与固体颗粒质量之比，用百分数表示，即：

$$w=\frac{m_w}{m_s}\times 100\% \tag{1-1}$$

式中 m_w——土中水的质量（kg）；

m_s——土中固体颗粒的质量（kg）。

一般土的干湿程度，用含水量表示。含水量在 5% 以下称为干土；含水量为 5% ~ 30% 称为潮湿土；含水量大于 30% 称为湿土。含水量对土方开挖的难易程度、土方边坡坡度大小、回填土的夯实等均有影响。

（二）土的天然密度和干密度

1. 土的天然密度

土的天然密度是指在天然状态下单位体积土的质量。土的天然密度用 ρ 表不，即：

$$\rho = \frac{m}{V} \tag{1-2}$$

式中 m——土的总质量（kg）；

V——土的体积（m^3）。

2. 土的干密度

土的干密度是指土的固体颗粒质量与总体积的比值。在一定程度上，土的干密度反映了土颗粒排列的密实程度，也是工程中通常用来检验土体密实程度的标准。土的干密度越大，表示土越密实。土的干密度用 ρ_d 表示，即：

$$\rho_d = \frac{m_s}{V} \tag{1-3}$$

式中 m_s——土中固体颗粒的质量（kg）；

V——土的体积（m^3）。

（三）土的可松性

土的可松性是指自然状态下的土经开挖后，其体积因松散而增加，之后虽经振动夯实，仍不能恢复原来的体积。土的可松性程度一般用土的可松性系数表示。

最初可松性系数 K_s：

$$K_s = \frac{V_{松散}}{V_{原状}} \tag{1-4}$$

最终可松性系数 K_s'：

$$K_s' = \frac{V_{压实}}{V_{原状}} \tag{1-5}$$

式中 $V_{原状}$——土在自然状态下的体积（m^3）；

$V_{松散}$——土经开挖后松散状态下的体积（m^3）；

$V_{压实}$——土经压（夯）实后的体积（m^3）。

土的可松性系数对确定场地设计标高、土方量的平衡调配、计算运土机具的数量和弃土量及填土所需挖方体积等影响很大。

（四）土的渗透性

土的渗透性是指水流通过土中孔隙的难易程度。土的渗透性用渗透系数 k 表示。地下水的流动以及在土中的渗透速度都与土的渗透性有关。其计算公式为：

$$v = ki \tag{1-6}$$

式中 v——水在土中的渗透速度（m/d）；

k——土的渗透系数（m/d）；

i——水力坡度。

土的渗透性大小取决于不同土质，一般土的渗透系数见表 1-2。

表 1-2　土的渗透系数

土的名称	渗透系数	土的名称	渗透系数
黏土	＜ 0.005	中砂	5.00 ~ 20.00
粉质黏土	0.005 ~ 0.10	均质中砂	35 ~ 50
轻粉质黏土	0.10 ~ 0.50	粗砂	20 ~ 50
黄土	0.25 ~ 0.50	圆砾石	50 ~ 100
粉砂	0.50 ~ 1.00	卵石	100 ~ 500
细砂	1.00 ~ 5.00		

第二节　基坑（槽）的土方开挖

一、施工前准备

（一）熟悉与审查图纸

在进行基坑（槽）开挖前，各专业主要人员要对图纸进行熟悉和综合审查。熟悉地质水文勘察资料，了解基础形式、工程规模、结构形式、特点、工程量和质量要求；弄清地下管线、构筑物与地基的关系，建设单位（甲方）、施工单位（乙方）和设计单位进行图纸会审。图纸会审的主要目的是核对平面尺寸和标高，核对各专业图纸之间有无矛盾和差错。

（二）编制施工方案

根据施工组织设计规定和现场实际条件，结合地质水文情况，制订基坑（槽）开挖施工方案。确定施工方案一般包括确定施工顺序、确定边坡坡度或支护方式、确定施工排水或降水方案、合理选择施工机械和施工方法、制订技术组织措施等。

（三）修建临时道路和设施

修建临时道路及供水、供电等临时设施，做好材料、施工机具及挖土机械的进场工作。

（四）排除地面水

为保证施工场地干燥，以利于建筑定位放线和基坑（槽）开挖，要做好施工场地地表冰上的排除，同时应做好地面雨水的排除。地表水排除常采用排水沟、截水沟、挡土坝等措施。

（五）建筑物定位与放线

1. 建筑物定位

土方工程通常是建筑工程施工的第一步工作，此时建筑物的平面和高程位置都没有确定下来，将建筑物的平面和高程位置标识，作为工程施工中建筑物位置尺寸的现场施工依据，这项工作称为建筑物定位。

为方便基坑（槽）开挖后施工各阶段的轴线位置控制，应将轴线引测到龙门板上或引测到混凝土桩上，用轴线钉标定。龙门板顶部标高一般为 ±0.000，以便控制挖基坑（槽）和基础施工时的标高。

2. 放线

放线是根据定位确定的轴线位置，用石灰画出开挖边线，即建筑物定位后，根据基础的设计尺寸和埋置深度、土壤类别及地下水情况确定是否留工作面和放坡等来确定基坑（槽）上口开挖宽度，拉通线后，用石灰在地面上画出基坑（槽）开挖的上口边线。

二、场地平整

场地平整是整个建筑工程施工的前期工程，是指在开挖基坑（槽）前，对整个施工场地进行就地挖、填和平整的工作。即场地平整就是将天然地面改造成工程所要求的设计平面的过程。

（一）场地平整的前期准备工作

平整场地前应先做好各项准备工作，清除场地内障碍物，排除地面积水，铺筑临时道路。地上障碍物主要包括杂草、树木等植物，残余建筑废弃物以及地面积水；地下障碍物主要包括原建筑基础、石块以及植物根茎。

（二）场地平整施工工艺流程

场地平整施工一般工艺流程：现场勘察→地面障碍物清除→标定整平范围→设置场地内水准点设置方格网→测量标高→计算挖、填土量→编制土方调配方案→挖、填土方→平整压实→验收。

（三）场地平整土方量计算

场地平整土方量是指挖、填厚度超过 30 mm 时的场地挖、填土方量。场地平整土方量的计算方法有方格网法和断面法两种。

1. 方格网法

方格网法是利用方格网控制整个场地，从而计算土方工程量，主要适用于地形较为平坦、面积较大的场地。方格网法计算步骤如下：

（1）划分方格网，测定角点标高，计算各角点施工高度

通常，在地形图上将场地划分为边长 a=10 ~ 40 m 的若干正方形网格。利用测量仪器测定各方格角点的自然地面标高（H），并在各方格角点标注出设计标高（H_n），如图 1-1 所示。角点设计标高与自然地面标高的差，即为各角

点的施工高度（h_n）。

$$h_n = H_n - H \tag{1-7}$$

式中 h_n——角点的施工高度（“+”表示填，“—”表示挖）（m）；

H_n——角点的设计标高（m）；

H——角点的自然地面标高（m）。

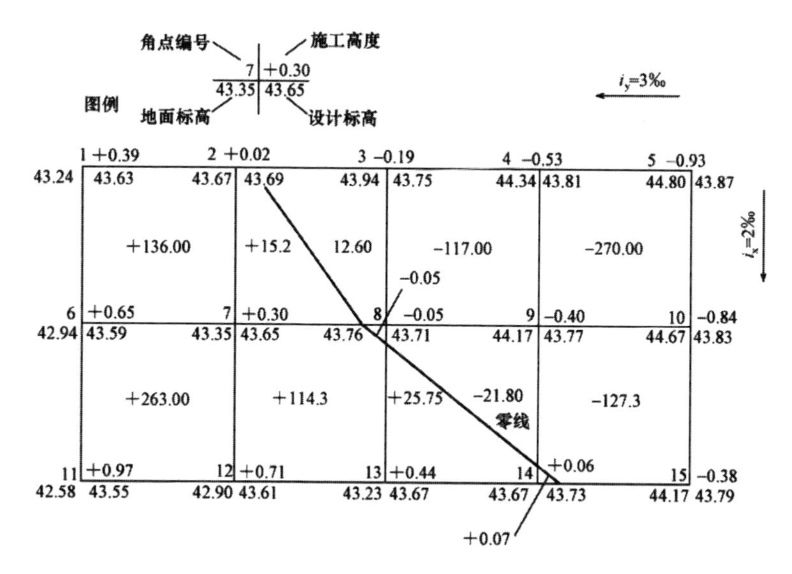

图 1–1　方格网法计算平整场地土方量示意图

（2）计算零点，确定零线

在相邻两个角点所在的边长上，一端角点的施工高度为“+”，另一端角点的施工高度为“–”，在此边长上必然存在一个不挖不填点，即为零点，如图 1–2 所示。将方格网中相邻的零点连接起来，即为零线，在该线上的施工高度都为零。

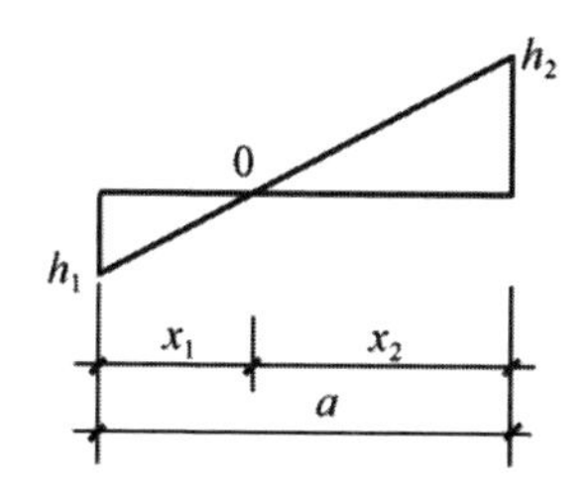

图 1–2　零点位置计算示意图

确定零点位置的公式如下：

$$x_1 = \frac{ah_1}{h_1 + h_2} \quad x_2 = \frac{ah_2}{h_1 + h_2} \tag{1-8}$$

式中 x_1，x_2——零点至角点 1、2 的距离（m）；

h_1，h_2——角点 1、2 的施工高度（m）；

a——方格边长（m）。

（3）边坡土方量计算

为保证挖方土壁和填方区的稳定，将场地挖方区和填方区做成边坡。边坡土方量可以划分成两种近似的几何形体进行计算，场地边坡平面示意图如图 1-3 所示。

如图 1-3 所示，①②③⑤⑥⑦⑧⑨⑩为三角棱锥体，三角棱锥体边坡体积为：

$$V_1 = \frac{1}{3} A_1 l_1 \tag{1-9}$$

式中 l_1——边坡①的长度（m）；

A_1——边坡①的端面积（m^2）。

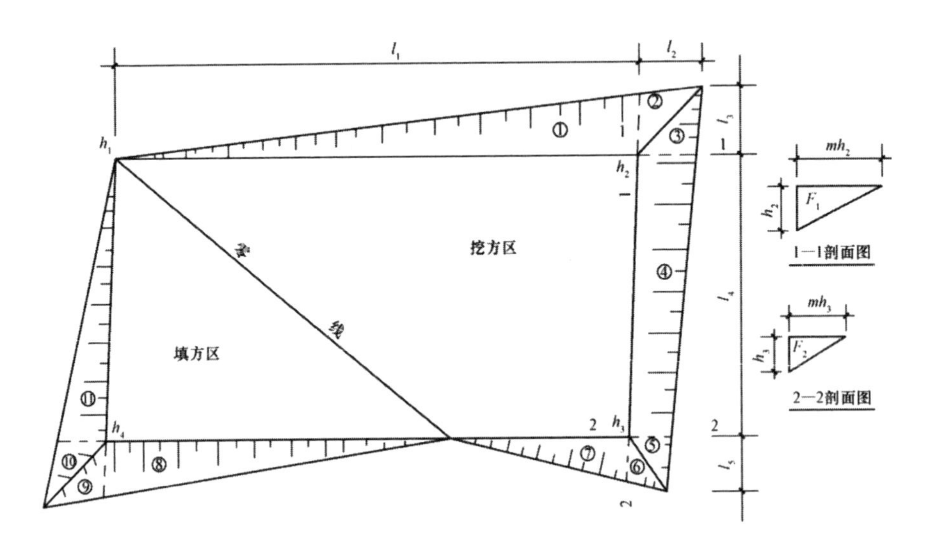

图 1-3　场地边坡平面示意图

如图 1–3 所示，④为三角棱柱体，三角棱柱体边坡体积为：

$$V_4 = \frac{A_1 + A_2}{2} l_1 \tag{1-10}$$

当两端横断面面积相关很大的情况下，边坡体积为：

$$V_4 = \frac{l_4}{6}\left(A_1 + 4A_0 + A_2\right) \tag{1-11}$$

式中 A_1、A_2、A_0——边坡④两端及中部的横断面面积（m^2）；

l_4——边坡④的长度（m）。

2. 断面法

沿场地取若干个相互平行的断面（当精度不高时，可利用地形图确定断面，若精度要求较高时，应实地测量确定），将所取的每个断面（包括边坡断面）划分为若干个三角形和梯形，如图 1–4 所示，对于某一断面，其中三角形和梯形的面积为：

$$A_1 = \frac{h_1 d_1}{2}, A_2 = \frac{\left(h_1 + h_2\right) d_2}{2}, \cdots$$

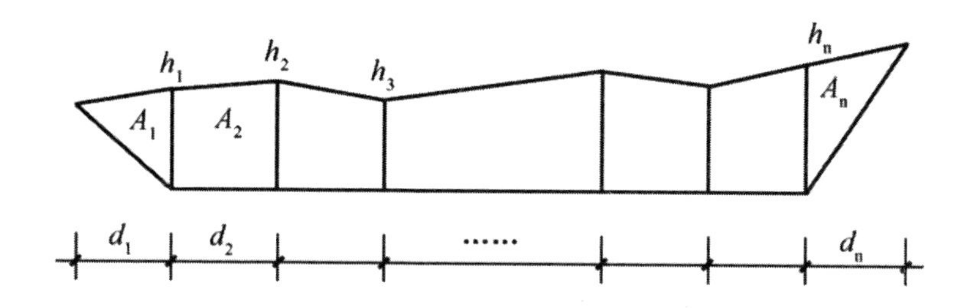

图 1–4　断面图

某一断面面积为：$A_i = A_1' + A_2' + \cdots + A_n'$

若 $d_1 = d_2 = \cdots = d_n = d$

则 $A_i = d\left(h_1 + h_2 + \cdots + h_{n-1}\right)$

设各断面面积分别为 A_1，A_2，…，A_m，相邻两断面间的距离依次为 L_1，L_2，…，L_m，则所求的土方体积为：

$$V=\frac{A_1+A_2}{2}L_1+\frac{A_2+A_3}{2}L_2+\cdots+\frac{A_{m-1}+A_m}{2}L_{m-1} \tag{1-12}$$

用断面法计算土方量，边坡土方量已包括在内。

三、土方边坡与土壁支撑

（一）土方边坡

为了防止塌方，保证施工安全，当挖方或填方超过一定高度时，应考虑放坡或设置临时支撑以保持土壁的稳定。

土方边坡的稳定，主要是由于土体内土颗粒间存在摩阻力和内聚力使土体具有一定的抗剪强度，土体抗剪强度的大小与土质有关。确定土方边坡的大小应根据土质、开挖深度、开挖方法、地下水位、边坡留置时间、边坡上部荷载情况及气候条件等因素确定。在满足土体边坡稳定的条件下，边坡可以做成直线形边坡、折线形边坡和阶梯形边坡，如图 1–5 所示。一般情况下，黏性土的边坡应陡些，砂性土则应平缓些。当基坑附近有主要建筑物时，边坡应取 1 ∶ 1.0 ~ 1 ∶ 1.5。

土方边坡的坡度用其高度 H 与底宽 B 之比表示，即土方边坡坡 $=\frac{H}{B}=\frac{1}{B/H}=\frac{1}{m}$，其中 $m=\frac{B}{H}$ 称为边坡系数。

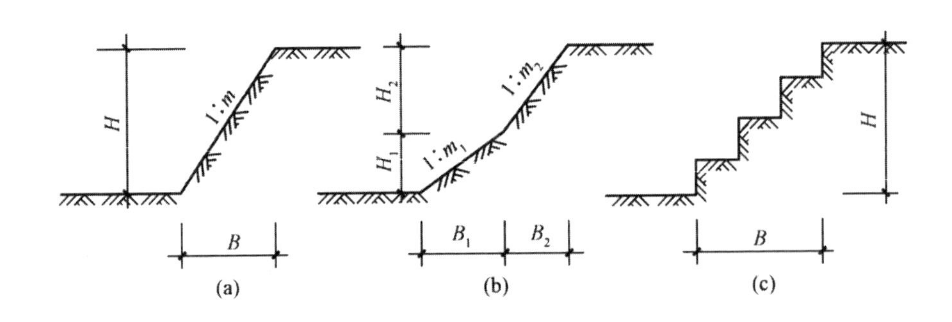

图 1–5　土方边坡

（a）直线形边坡；（b）折线形边坡；（c）阶梯形边坡

根据《土方与爆破工程施工及验收规范》的规定，当地下水位低于基底，在温度正常的土层中开挖基坑（槽）或管沟，且裸露时间不长时，挖方深度不超过下列数值时，可不放坡、不支撑。

深度≤ 1.0 m 的密实、中密的砂土和碎石类土；

深度≤ 1.25 m 的硬塑、可塑的黏质砂土及砂质黏土；

深度≤ 1.5 m 的硬塑、可塑的黏土和碎石类土；

深度≤ 2.0 m 的坚硬的黏土。

（二）土壁支撑

开挖基坑（槽）或管沟，采用放坡开挖比较经济，但有时由于场地的限制不能按要求放坡，或因土质的原因，放坡增加的土方量很大，在这种情况下可采用边坡支护的施工方法。

基坑（槽）或管沟需设置土壁支撑时，应根据开挖深度、土质条件、地下水位、施工方法、相邻建筑物情况进行选择和设计，支撑必须牢固可靠，确保施工安全。

开挖较窄的沟槽时常采用横撑式土壁支撑。根据挡土板的不同可分为以下几种形式。

1. 间断式水平支撑

两侧挡土板水平放置，用工具式支撑或木横撑用木楔顶紧，挖一层土，支顶一层。间断式水平支撑适用于能保持直立壁的干土或天然湿度的黏土类土，要求地下水很少，深度在 2 m 以内。

2. 断续式水平支撑

挡土板水平放置，并有间隔，两侧同时对称立竖向木方，用工具式或木横撑上、下顶紧。断续式水平支撑适用于保持直立壁的干土或天然湿度的黏土类土，地下水很少，深度在 3 m 以内。

3. 连续式水平支撑

挡土板水平连续放置，无间隔，两侧同时对称立竖木方，上、下各顶一根撑木，端头用木楔顶紧。连续式水平支撑适用于较松散的干土或天然湿度的黏土类土，地下水很少，深度为 3 ~ 5 m。

4. 连续式或间断式垂直支撑

挡土板垂直放置，可连续或留适当间隙，每侧上、下各水平顶一根方木，再用横撑顶紧。连续式或间断式垂直支撑适用于土质较松散或湿度很高的土，地下水较少，深度不限。

5. 水平垂直混合式支撑

沟槽上部连续式水平支撑、下部设连续式垂直支撑。水平垂直混合式支撑适用于槽沟深度较大，下部有含水层的情况。

当开挖较大型，但深度不大的基坑或使用机械挖土，不能安装横撑时，可采用锚碇式支撑或斜柱式支撑。

四、基坑（槽）开挖

（一）基坑（槽）土方量计算

1. 基坑土方量计算

挖基坑是指挖土底面积在 20 m^2 以内，且底长为底宽的 3 倍。基坑土方量可按立体几何中棱柱体（由两个平行的平面为底的一种多面体）体积公式计算，如图 1–6 所示。

$$V=\frac{H}{6}\left(A_1+4A_0+A_2\right) \tag{1–13}$$

式中 H——基坑深度（m）；

A_0——基坑中截面面积（m^2）；

A_1，A_2——基坑上、下底面积（m^2）。

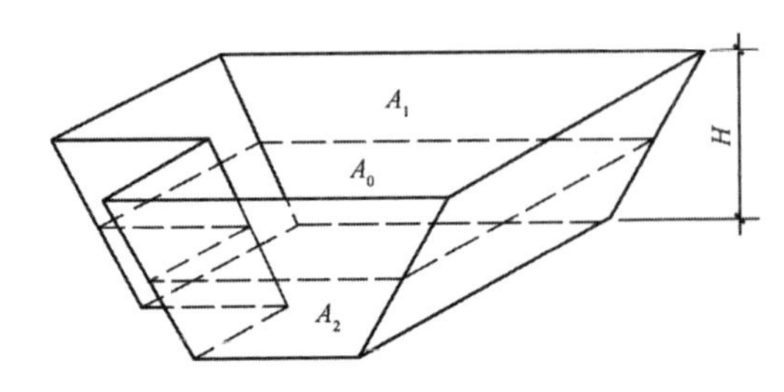

图 1–6　基坑土方量计算

2. 基槽土方量计算

挖基槽是指挖土宽度在 3 m 以内，挖土长度等于或大于宽度的 3 倍以上。基槽土方量计算可沿长度方向分段计算，如图 1–7 所示。

$$V_1 = \frac{L_1}{6}\left(A_1 + 4A_0 + A_2\right) \tag{1–14}$$

式中 V_1——第一段的土方量（m^3）；

L_1——第一段的长度（m）。

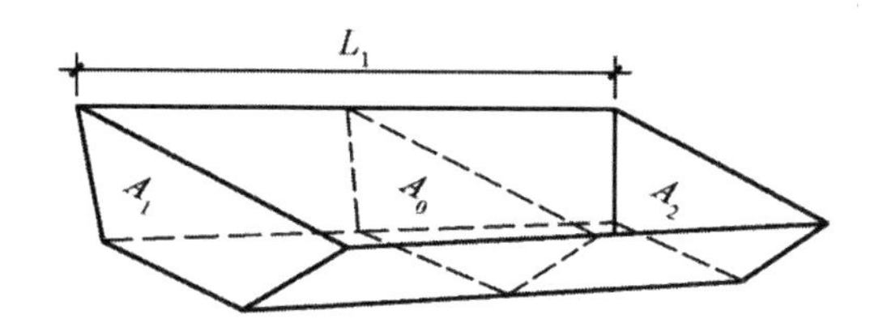

图 1–7　基槽土方量计算

（二）基坑（槽）开挖的工艺流程和施工要点

1. 工艺流程

基坑（槽）开挖的工艺流程为：测量放线→切线分层开挖→排降水→修边和清底。

2. 施工要点

第一，开挖前应根据工程结构形式、土质条件、开挖深度、周围环境、施工方法、施工工期和地面荷载等资料，确定土方开挖方案和地下水控制施工方案。

第二，开挖应遵循“开槽支撑，先撑后挖，分层开挖，严禁超挖”和“分层、分段、对称、限时”的原则，自上而下水平分段分层进行，每层 0.3 m 左右，边挖边检查宽度和坡度，至设计标高。

第三，土方开挖应尽量防止对地基土的扰动。

第四，土方开挖过程中，应对控制桩、水准点、基坑（槽）平面位置、水平标高、边坡坡度等随时复测检查。

第五，开挖基坑（槽）土方，在场地允许的情况下要留足回填用的好土，多余土应一次运走，避免二次搬运。

第六，当在地下水位以下挖土时，应采用集水井或井点降水，将水降至坑、槽底以下 500 mm，以方便基坑（槽）土方开挖。

第七，雨期施工时，应分段开挖，挖好一段浇筑一段垫层，并在基槽两侧围土堤或挖排水沟，以防地面水流入基坑（槽），应注意经常检查边坡和支撑情况，以防止土壁受水浸泡造成塌方。

第八，在距基坑（槽）底设计标高 50 cm 处，抄出水平线，钉上小木橛，然后用人工进行抄平、清底。

第九，开挖完毕，应由施工单位、设计单位、监理单位或建设单位、质量监督部门等有关人员共同到现场进行检查、鉴定验槽。

第三节　土方填筑与压实

一、回填土料的选择与填筑要求

（一）回填土料的选择

回填土料应符合设计要求，保证填方的强度和稳定性，若设计无要求时，应符合下列规定：

第一，碎石类土、砂土和爆破石碴（最大粒径不大于每层铺填厚度的 2/3，当用振动碾压时不超过每层铺填厚度的 3/4），可用作表层以下的填料。

第二，含水量符合压实要求的黏性土，可作为各层填料。

第三，淤泥和淤泥质土一般不能作为填料，但在软土和沼泽地区，经过处理含水量符合压实要求后，可用于填方中的次要部位。

第四，碎块、草皮和有机质含量大于 5% 的土，仅用于无压实要求的填方。

第五，含盐量符合规定的盐渍土，一般可用作填料，但土中不得含有盐晶、盐块。

第六，冻土、膨胀性土、有机物含量大于 8% 的土，以及水溶性硫酸盐含量大于 5% 的土均不能作为回填土。

（二）填筑要求

第一，填土应分层回填、分层夯实，尽量采用同类土回填。

第二，采用不同类土回填时，必须将透水性较小的土置于透水性较大的土之上，不得将各类土任意混杂使用。

第三，为防止填土横向移动，当填方位于倾斜的地面时，应将斜坡挖成阶梯形。

第四，分段填筑时，每层接缝处应做成斜坡形，重叠 0.5 ~ 1 m。上下层错缝距离不小于 1 m。

二、填土压实方法

填土压实方法有碾压法、夯实法和振动压实法三种。

（一）碾压法

碾压法是利用机械滚轮的压力压实土壤，使之达到所需的密实度。场地平整等大面积填土工程多采用碾压法。碾压机械有平碾、羊足碾及气胎碾等。平碾（光碾压路机）适用于碾压黏性和非黏性土；羊足碾只适用于碾压黏性土；气胎碾（轮胎压路机）对土壤碾压较为均匀，填土质量较好。

（二）夯实法

夯实法是利用夯锤自由下落的冲击力来夯实土壤，主要用于基坑（槽）、管沟等小面积回填土，可以夯实黏性和非黏性土。

（三）振动压实法

振动压实法是将振动压实机放在土层表面，借助振动机构使压实机振动，土颗粒发生相对位移而达到紧密状态。采用这种方法振实非黏性土效果较好。

三、回填压实的影响因素

回填压实的影响因素很多，主要有土的含水量、压实功和每层铺土厚度。

（一）土的含水量

土的含水量直接影响到填土压实质量。含水量过小，土粒之间摩擦阻力较大，填土不宜被压实；含水量过大，土颗粒间的孔隙被水填充而呈饱和状态，填土也不宜被压实；只有当土具有适当的含水量，土颗粒之间的摩阻力由于水的润滑作用而减小，土才容易被压实。土在最佳含水量的情况下，使用同样的压实功进行压实，所得到的密度最大。

为了保证填土在压实过程中具有最优含水量，当土过湿时应予翻松晾干，也可掺入同类干土或吸水性土料；当土过干时，则应先洒水湿润。土料含水量一般以“手握成团，落地开花”为宜。

（二）压实功

压实功是指压实工具的质量、碾压遍数和锤落高度、作用时间等对压实效果的影响。填土压实后的密度与压实机械在其上所施加的功有一定关系。如图 1–8 所示。

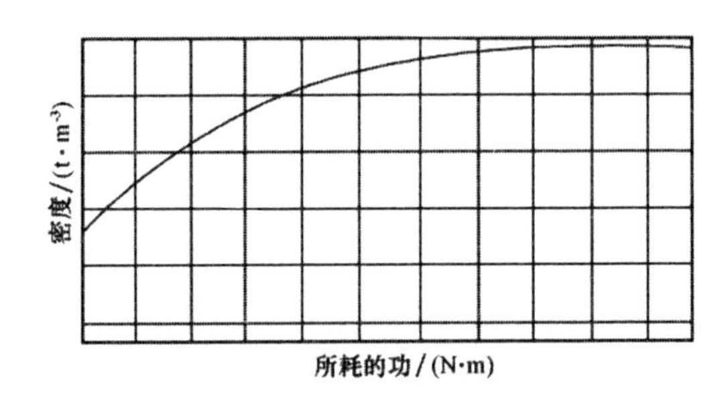

图 1–8　土的密度与压实功的关系

（三）每层铺土厚度

土在压实功的作用下，其应力随深度的增加而逐渐减小，如图 1–9 所示。其影响深度与压实机械、土的性质和含水量等因素有关。铺得过厚，要压很多遍才能达到规定的密实度；铺得过薄，则容易起皮，也要增加机械的总压实遍数。

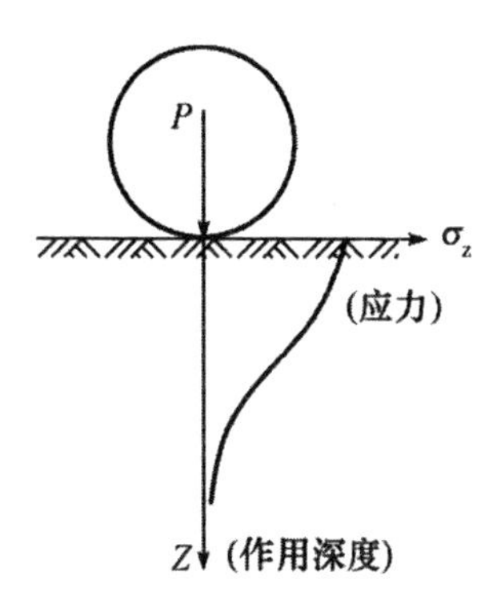

图 1-9　压实作用沿深度的变化

第四节　土方工程施工机械

对于大型基坑，由于工程量大、劳动强度高，施工中宜采用机械配合操作，以减轻劳动强度，提高工作效率，加快施工进度，降低工程造价。常用的土方工程施工的机械有推土机、铲运机、单斗挖土机、自卸汽车等。

一、推土机

推土机是一种在履带式拖拉机上装有推土铲刀等工作装置的土方机械。按行走装置的类型可分为履带式和轮胎式两种。按推土铲刀的操作方式可分为液压式和索式两种。推土机操纵灵活、运转方便、所需工作面较小，行驶速度快，易于转移，并能爬 30° 左右的缓坡。它是最为常见的一种土方机械，多用于场地清理和平整、开挖深度 1.5 m 以内的基坑，填平沟坑，以及配合挖土机和铲运机工作。推土机可以推挖一～三类土，经济运距 100 m，效率最高为 40～60 m。

为提高推土机的生产率、缩短推土时间及减少土的散失，常采用下列施工方法：

（一）下坡推土法

推土机顺下坡方向切土与推运，借助机械本身的重力作用，以增加推土能力和缩短推土时间，一般可提高生产效率30%～40%，但坡度不宜超过15°。

（二）并列推土法

平整场地面积较大时，可采用两台或三台推土机并列推土。一般采用两机并列推土可增加推土量15%～30%，三机并列推土可增加推土量30%～40%。

（三）槽形推土法

推土机连续多次在一条作业线上切土和推运，使地面形成一条浅槽，以减少土在铲刀两侧散失，一般可增加高推土量10%～30%。槽的深度在1m左右，土埋宽约为500 mm。

（四）多铲集运法

当推土土质比较坚硬时，切土深度不大，应采用多次铲运、分批集中、一次推运的方法，使铲刀前保持满载，缩短运土时间，一般可提高生产效率15%左右。

二、铲运机

铲运机是一种能独立完成铲土、运土、卸土、填筑和整平的土方机械。按行走方式可分为拖式铲运机和自行式铲运机两种。拖式铲运机由拖拉机牵引作业；自行式铲运机的行驶和作业都靠本身的动力设备，机动性大、行驶速度快，故使用广泛。

铲运机对行驶的道路要求较低，操纵灵活，行驶速度快，生产效率高，且费用低。可在一～三类土中直接挖、运土，常用于大面积场地平整、开挖大型基坑、填筑堤坝和路基等。

三、单斗挖土机

单斗挖土机是大型基坑开挖中最常用的一种土方机械。按工作装置不同，可分为正铲、反铲、拉铲和抓铲四种。

（一）正铲挖土机

正铲挖土机的挖土特点是“前进向上，强制切土”。其挖掘力大、生产效率高，适用于开挖停机面以上的一～四类土，如开挖无地下水位的大型基坑及土丘等。正铲挖土机的作业方式有“正向挖土，侧向卸土”和“正向挖土，后方卸土”。

（二）反铲挖土机

反铲挖土机的挖土特点是“后退向下，强制切土”。其挖掘力比正铲挖土机小，能开挖停机面以下的一～三类土，适用于一次开挖深度在 4 m 左右的基坑、基槽和管沟，也可用于地下水位较高的土方开挖。反铲挖土机的作业方式常采用沟端开挖和沟侧开挖两种。

此外，当开挖土质较硬、宽度较小的沟槽时，可采用沟角开挖；当开挖土质较好、深度在 10 m 以上的大型基坑、沟槽和渠道时，可采用多层接力开挖。

（三）拉铲挖土机

拉铲挖土机的挖土特点是“后退向下，自重切土”。其挖土半径和挖土深度均较大，能开挖停机面以下的一～三类土，但不如反铲挖土机灵活、准确。适用于开挖大型基坑或水下挖土、填筑路基、修筑堤坝等。拉铲挖土机的开挖方式与反铲挖土机的开挖方式相似，也可分为沟端开挖和沟侧开挖两种。

（四）抓铲挖土机

抓铲挖土机的挖土特点是“直上直下，自重切土”。其挖掘力较小，只能开挖停机面以下的一～二类土，如开挖窄而深的基坑、疏通旧有渠道以及挖取水中淤泥等，或用于装卸碎石、矿渣等松散材料。在软土地基地区，常用于开挖基坑、沉井等。

第五节　人工降低地下水位

在开挖基坑（槽），或沟槽时土的含水层被切断，地下水将不断流入坑内。易造成边坡失稳、地基承载力下降等不利现象，为了保证施工的正常进行，必须做好降水工作，使基坑（槽）开挖在干燥状态下进行。降低地下水位的方法有集水井降水法和井点降水法两种。

一、集水井降水法

集水井降水法是在基坑开挖过程中，沿坑底周围或中央开挖有一定坡度的排水沟，每隔一定距离设一个集水井，地下水通过排水沟流入集水井中，然后用水泵抽走。集水井降水法一般用于降水深度较小且土层为粗粒土层或黏性土。

（一）集水井及排水沟的设置

坑底四周或中央的排水沟及集水井应设置在基础 0.4 m 以外、地下水流的上游。根据基坑涌水量大小、基坑平面形状及水泵的抽水能力，每隔 20 ~ 40 m 设置一个集水井。集冰井的直径或宽度一般为 0.6 ~ 0.8 m，集水井的深度随挖土加深而加深，要始终低于挖土晅 0.7 ~ 1.0 m，井壁用竹、木等材料加固。当基坑挖至设计标高后，集水井底应低于坑底 1 ~ 2 m，并铺设 0.3 m 碎石滤水层，以免在抽水时将泥沙抽出，并防止坑底土被搅动。

（二）流砂的产生及防治

开挖深度较大、地下水位较高且土质为细砂或粉砂时，采用集水井降水。当挖至地下水位以下时，坑底下面的土会形成流动状态，随地下水涌入基坑，这种现象称为“流砂”现象。发生流砂现象时，土边挖边冒，坑底土完全丧失承载能力，影响边坡的稳定，严重旳会造成边坡塌方及附近建筑物下沉、倾斜甚至倒塌。

流砂的产生与动水压力的大小和方向有关，在基坑开挖时，防治流砂的原则是“治流砂，必治水”。主要途径有：第一，减小或平衡动水压力；第二，改变动水压力的方向使之向下；第三，截断地下水流。其具体措施有以下几种：

1. 枯水期施工

此方法主要是降低坑内外的水位差，减小动水压力，防止流砂。

2. 水下挖土法

此方法为不排水施工，使坑内外水压平衡，防止流砂。

3. 采用井点降水法

此方法使地下水渗流向下，使动水压力的方向也向下，增大土粒间的压力，有效地防止流砂的形成。

4. 打板桩法

此方法是将钢板桩打入坑底下面一定深度，增加地下水从坑外流入坑伪的渗流路线，减小水力坡度，从而减小动水压力，防止流砂。

5. 地下连续墙

此方法是在基坑四周先浇筑一道混凝土或钢筋混凝土的连续墙，以支承土壁，起到截水的作用，防止流砂。

6. 抢挖法

此方法应组织分段抢挖，使挖土速度超过冒砂速度，挖至设计标高后立即铺设芦席并抛大石头把流砂压住。

二、井点降水法

井点降水法是在基坑开挖前，预先在基坑四周埋设一定数量的井点管，利用抽水设备从中抽水。使地下水位降至坑底以下，直至基础施工结束为止的降水方法。井点降水可使基坑挖土在干燥状态下进行，从根本上消除“流砂”现象。

井点降水的方法有轻型井点、电渗井点、喷射井点、管井井点及深井井点等。对不同类型的井点降水可根据土的渗透系数、降水深度、设备条件及经济性合理选用。

（一）轻型井点设备

轻型井点设备由管路系统和抽水设备组成。管路系统包括滤管（图 1–10）、井点管、弯联管及总管等。滤管为进水设备，长度一般为 1.0 ~ 1.5 m（方便计算一般取 1 m）、直径为 38 ~ 55 mm 的无缝钢管，管壁钻有直径为 12 ~ 18 mm 的梅花形滤孔。

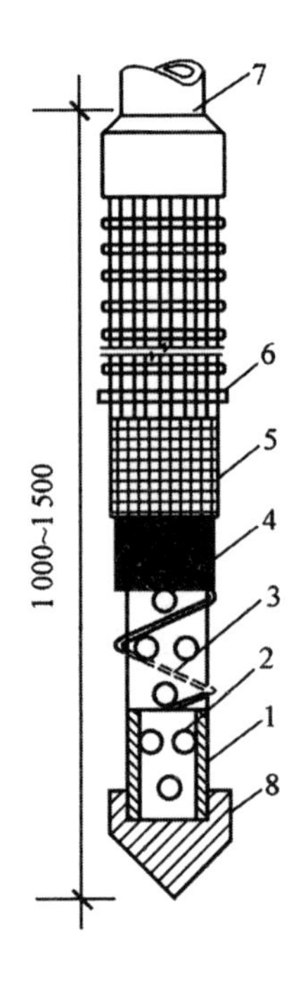

图 1–10　滤管构造

1—钢管；2—管壁小孔；3—塑料管；4—细滤网；
5—粗滤网；6—粗铁丝保护网；7—井点管；8—铸铁头

井点管为直径 38 mm 或 51 mm、长 5 ~ 7 m 的钢管。其上端用弯联管与总管连接，下端与管相连。

集水总管为直径 100 ~ 127 mm 的无缝钢管，每段长 4 m、间距 0.8 ~ 1.6 m。

抽水设备根据水泵和动力设备的不同，一般分为干式真空泵、射流泵和隔膜泵三种。

（二）轻型井点的布置

轻型井点的布置应根据基坑形状、大小、深度、土质、地下水位高低与流向和降水深度要求等确定。设计时主要考虑平面布置和高程布置两个方面。

1. 平面布置

当基坑或沟槽宽度小于 6 m，且降水深度不超过 5 m 时，可采用单排线状井点，布置在地下水流的上游一侧，其两端延伸长度一般以不小于基坑（槽）宽度为宜，当基坑宽度大于 6 m 或土质不良，宜采用双排线状井点。

基坑面积较大时，宜采用环状井点。有时也可布置成 U 形环状井点，为便于挖土机械和运输车辆进入基坑，可不封闭，井点管距离基坑壁一般不宜小于 0.7 ~ 1.0 m，以防止漏气。

2. 高程布置

轻型井点的降水深度一般不超过 6 m。井点管埋设深度 H（不包括滤管）按下式计算：

$$H \geqslant H_1 + h + iL \qquad (1\text{–}15)$$

式中 H_1———井点管埋设面基坑底面的距离（m）;

h——降低后的地下水位至基坑中心底面的距离（m），一般取 0.5 ~ 1.0 m;

i——水力坡度，单排井点为 1/4，双排井点为 1/7，环形井点为 1/10;

L——井点管至基坑中心的水平距离（m）。

当计算出的 H 值大于降水深度 6 m 时，则应降低总管平面标高，以适应降水深度要求。此外，还要考虑井点管一般的标准长度，井点管露出地面 0.2 ~ 0.3 m。在任何情况下，滤管必须埋在含水层内。

3. 轻型井点计算

轻型井点的计算包括井点系统涌水量计算、井点管的数量与井距的确定以及抽水设备选用等。

（1）井点系统涌水量计算

井点系统涌水量计算是按水井理论进行计算。水井根据井底是否达到不透水层，可分为完整井和非完整井；凡井底到达含水层下面的不透水层顶面施井称为完整井，否则称为非完整井。根据地下水有无压力，可分为无压井和承压井，如图 1–11 所示。各类井的涌水量计算方法不同，其中以无压完整井的理论较为完善。

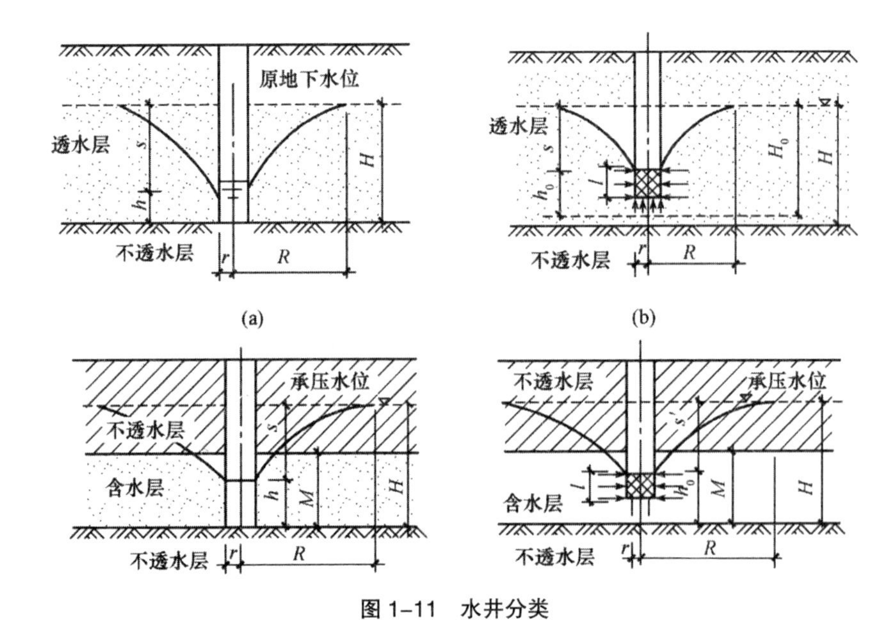

图 1–11　水井分类

（a）无压完整井；（b）无压非完整井；（c）承压完整井；（d）承压非完整井

①无压完整井涌水量计算

其计算公式为：

$$Q = 1.366k \frac{(2H - s)s}{\lg R - \lg x_0} \tag{1–16}$$

式中 Q——井点系统涌水量（m^3/d）；

k——土的渗透系数（m/d）；

H——含水层深度（m）；

S——基坑中心降水深度（m）；

R——抽水影响半径（m），$R=1.95\sqrt{Hk}$；

x_0——基坑假想半径（m），$x_0=\sqrt{\frac{F}{\pi}}$；

F——环形井点系统所包围的面积（m^2）。

②无压非完整井涌水量计算

其计算公式为：

$$Q=1.366k\frac{(2H_0-s)s}{\lg R-\lg x_0} \tag{1-17}$$

式中 H_0——有效含水深度（m）。

H_0 值是经验数值，可查表 1-3 得出。当算得的 H_0 大于实际含水层深度 H 时，则取 H_0 值。

表 1-3　有效含水层深度值

$s'/(s'+l)$	0.2	0.3	0.5	0.8
H_0	$1.3(s'+l)$	$1.5(s'+l)$	$1.7(s'+l)$	$1.85(s'+l)$

注：表中 s′ 为井点管内水位降低值，单位 m；l 为滤管的长度，单位 m。

③承压完整井涌水量计算

其计算公式为：

$$Q=2.73k\frac{Ms}{\lg R-\lg x_0} \tag{1-18}$$

式中 M-—承压含水层厚度（m）。

④承压非完整井涌水量计算

其计算公式为：

$$Q=2.37k\frac{Ms}{\lg R-\lg x_0}\sqrt{\frac{M}{1+0.5r}}\sqrt{\frac{2M-l_1}{M}} \tag{1-19}$$

式中 r——井点管的半径（m）；

l_1——井点管进入含水层的深度（m）。

（2）井点管的数量与井距的确定

$$q = 65\pi dl\sqrt[3]{k} \tag{1-20}$$

式中 q——单根井点管的最大出水量（m^3/d）;

d——滤管直径（m）。

$$n = 1.1 \times \frac{Q}{q} \tag{1-21}$$

式中 n——井点管最少根数。

$$D = \frac{L}{n} \tag{1-22}$$

式中 D——井点管间距（m）;

L——总管长度（m）。

在确定井点管间距时，还应注意井距不应过小，必须大于 $5\pi d$ 。还要考虑抽水的时间，靠近河流处，井距应密些。

第二章　桩基础工程

桩基础是高层建筑、工业厂房和软弱地基上的多层建筑常用的一种基础形式。桩基础是由桩身和承台两部分组成的一种深基础。桩基础具有承载力高、沉降量小而均匀、沉降速率缓慢等特点。它能承受垂直荷载、水平荷载、上拔力以及机器的振动或动力作用，已广泛应用于房屋地基、桥梁、水利等工程中。

按传力和作用性质不同，桩基可分为端承桩和摩擦桩两类。端承桩是指穿过软弱土层并将建筑物的荷载直接传给桩端坚硬土层的桩；摩擦桩是指沉入软弱土层。

一定深度将建筑物的荷载传布到四周的土中和桩端下的土中，主要是靠桩身侧面与土之间的摩擦力承受上部结构荷载的桩。

按施工方法不同，桩基可分为预制桩和灌注桩两类。预制桩是在工厂或施工现场成桩，而后用沉桩设备将桩打入、压入、高压水冲入、振入或旋入土中。其中，锤击打入法和压入法是比较常用的两种方法。灌注桩又称为现浇桩，是在桩位上直接成孔，然后在孔内放置钢筋笼，浇筑混凝土而成的桩。根据成孔方法的不同，灌注桩可分为钻孔桩、冲孔桩、沉管桩、人工挖孔桩及爆扩桩等。

第一节　预制桩施工

预制桩具有制作方便、成桩速度快、桩身质量易于控制、承载力高等优点并能根据需要制成不同形状、不同尺寸的截面和长度，且不受地下水位影响，不存在泥浆排放问题，是最常用的一种桩型。

一、预制桩的制作、起吊、运输和堆放

（一）钢筋混凝土实心方桩的制作、起吊、运输和堆放

1. 钢筋混凝土实心方桩的制作

混凝土预制桩断面主要有实心方桩和管桩两种常见形式，有些地方开始大量使用空心方桩。实心方桩截面尺寸一般为 200 mm × 200 mm ~ 600 mm × 600 mm。单根桩长度取决于桩架高度，一般不超过 27 m。如需打设 30 m 以上的桩，则应将桩分段预制，在打桩过程中逐段接长。现场分段预制桩时，应整体支模，纵向主筋先通长铺设，再在分段处切断。分段长度应考虑桩架有效高度、场地条件、装卸和运输能力，并避免桩尖接近硬持力层或桩尖处于硬持力层中接桩。

桩的预制方法有并列法、间隔法、叠浇法和翻模法等。现场预制桩多采用重叠法间隔制作，重叠层数根据地面承载能力和施工条件确定，一般不宜超过 4 层。场地应平整、坚实，做好排水，不得产生不均匀沉陷，桩与桩之间用塑料薄膜或隔离剂做好隔离层，上层桩或邻桩的混凝土浇筑应在下层桩或邻桩的混凝土达到设计强度的 30% 以后方可进行。

预制桩钢筋骨架中钢筋位置应准确，主筋连接宜采用对焊。主筋接头配置在同一截面内的数量应符合下列规定：当采用闪光对焊和电弧焊时，不得超过 50%；同一根钢筋两个接头的距离应大于 35d（d 为主筋直径），且不小于 500 mm。（同一截面是指 35 次区域内，但不小于 500 mm。）

预制桩混凝土强度等级常用 C30 ~ C50。混凝土粗集料应使用碎石或碎卵石，粒径宜为 5 ~ 40 mm。混凝土应机拌机捣，由桩顶向桩尖连续浇筑，严禁中断。混凝土洒水养护时间不应少于 7 d。桩尖对准纵轴线，桩顶平面和接桩端面应平整。桩顶与桩尖处不得有蜂窝、麻面、裂缝和掉角。

制作完成的预制桩应在每根桩上标明编号及制作日期，如设计不埋设吊环，应标明绑扎点位置。

2. 钢筋混凝土实心方桩的起吊

预制桩混凝土强度达到设计强度等级的 70% 以上时方可起吊。如需提前吊运，必须验算合格。起吊时吊点位置应符合设计规定。若设计无规定时，可按弯矩最小原则确定吊点位置。捆绑时钢丝绳与桩之间应加衬垫，以防损坏棱角。起吊前应先将桩分开，不宜直接起吊，以防止拉裂吊环或损坏桩身。

3. 钢筋混凝土实心方桩的运输

打桩前，需将桩从制作处运至现场堆放或直接运至桩架前。桩运输时的混凝土强度应达到设计强度等级的 1.0%。一般根据打桩顺序和速度随打随运，以减少二次搬运工作。若要长距离运输，可采用平板拖车或轻轨平板车。长桩运输时，桩下要设置活动支座。经搬运的桩应进行质量复查。

4. 钢筋混凝土实心方桩的堆放

桩堆放时，地面必须平整坚实，垫木间距应根据吊点确定，上下各层垫木应在同一垂直线上，最下层垫木应加宽些，堆放层数不宜超过 4 层。不同规格的桩应分别堆放。

（二）钢筋混凝土管桩的制作、运输和堆放

混凝土管桩为中空，一般在预制厂用离心法成型。常用桩径为 ϕ 300 ~ ϕ 500，壁厚为 80 ~ 100 mm，每节常见长度有 8 m、10 m 和 12 m，也可按需要确定节长。管壁内设定 ϕ 12 ~ ϕ 22 主筋 10 ~ 20 根，外配 ϕ 6 螺旋箍筋。

管桩混凝土强度等级不应低于 C30。各节管桩之间可用焊接或法兰螺栓连接。预应力混凝土管桩有振动法成型或离心法成型两种，混凝土强度等级不应低于 C40。预应力筋采用高强度钢丝、钢绞线或高强度螺纹钢筋等；一般以先张法制作，大直径的也可用后张法制作；其生产工艺基本上采用机械自动化控制，并配有先进的搅拌系统。

混凝土管桩应达到设计强度的 100% 后方可运到现场打桩。堆放层数不宜超过 4 层，底层管桩边缘应用楔形木块塞紧，以防滚动，应根据打桩顺序随打随运以减少或避免二次搬运。混凝土管桩制作的质量要求与实心方桩相似。

（三）钢管桩的制作、运输和堆放

钢管桩具有强度高，能承受较大冲击力，易于穿透硬土层，承载力高；能承受较大的水平力；桩长可任意调节；重量轻、刚度好，装卸运输方便；挤土量少等优点。但钢管桩易受腐蚀，所以需进行防腐处理。

钢管桩一般使用无缝钢管，也可采用钢板卷板焊接而成，一般在工厂制作。按卷板制作工艺不同，钢管桩可分为直缝钢管桩和螺旋缝钢管桩两种。钢管桩的直径为 400 ~ 1000 mm、管壁厚度为 6 ~ 50 mm。一般由一节上节桩、若干节中节桩与一节下节桩组成。分节长度一般为 12 ~ 15 m。

钢管桩桩端有开口型和闭口型两种。对于开口型桩端，为了使桩能穿透硬土层或含漂砾的土而不损伤桩端，桩端可做加强处理；闭口型桩端就是在桩端穿上桩靴，多用于端承桩。

钢管桩在地下的腐蚀率为 0.05 ~ 0.03 mm/a，处于海水或海底土层中的腐蚀率可为 0.15 mm/a，所以，对钢管桩的防腐处理尤为重要。钢管桩防腐处理方法可采用外表面涂防腐层（如防腐油漆、环氧煤焦油和聚氨酯类涂料等）、增加腐蚀余量和阴极保护等。当钢管桩内壁与外界隔绝时，可不考虑内壁防腐。

钢管桩堆放场地应平整、坚实、排水畅通；两端应设保护措施，防止搬运时因桩体撞击而造成桩端、桩体损坏或弯曲变形；应按规格、材质分别堆放，堆放高度不宜太高，以防止受压变形。一般 ϕ 900 的钢管桩不宜超过 3 层；ϕ 600 的钢管桩不宜超过 4 层；ϕ 400 的钢管桩不宜超过 5 层。堆放时支点设置应合理，钢管桩两侧面应用木楔塞牢，防止滚动。

钢管桩一般按两点起吊。在起吊、堆放、运输过程中，应尽量避免碰撞，防止管料破损、管端变形和损伤。

二、预制桩的沉桩施工

（一）锤击沉桩施工

锤击沉桩是利用桩锤的冲击动能使桩沉入土中的方法，是预制桩最常用的沉桩方法。锤击沉桩的特点是施工速度快、机械化程度高、适用范围广。但施工时会产生噪声、振动及挤压土体等公害，不适宜在医院、居民区、行政机关办公区等附近施工，夜间施工也有所限制。

1. 打桩机械及其选择

打桩所用机械设备主要包括桩锤、桩架和动力装置三部分。

（1）桩锤

桩锤的作用是对桩施加冲击力，将桩打入土中。桩锤的类型有落锤、单动汽锤、双动汽锤、柴油锤、液压锤等。

①落锤

落锤也称为自落锤，一般是生铁铸成的，锤重一般为 5 ~ 20 kN。轻型落锤可用人力拉升，一般是用卷扬机来提升，利用脱钩装置或松开卷扬机刹车放落，使桩锤自由落到桩头上，如此反复锤击，桩便逐渐被打入土中。落锤构造简单，可随意调整落距，但打桩效率低，对桩损伤较大，现已比较少使用。

②单动汽锤

单动汽锤是利用蒸汽或压缩空气的压力将锤头上举，然后由锤的自重向下冲击沉桩。单动汽锤锤重为 30 ~ 150 kN，冲击力大，打桩速度比落锤快，每分钟锤击 60 ~ 80 次，适用于各种桩在各类土层中施工。

③双动汽锤

双动汽锤是利用蒸汽或压缩空气的压力将锤上举及下冲，增加夯击能量。所以，双动汽锤的冲击力更大，频率更快，每分钟可锤击 100 ~ 200 次，锤重为 6 ~ 60 kN，适用于打各种桩并能用于打水下桩、斜桩和拔桩。

④柴油锤

柴油锤可分为导杆式、活塞式和管式三类。柴油锤是利用燃油爆炸推动活塞往复运动进行锤击打桩。柴油锤使用方便，不需外部动力设备，是应用较多的一种桩锤。但在过软的土中由于贯入度过大，燃油不能爆发，桩锤不能反跳，因此，会使工作循环中断。柴油锤锤重为 22 ~ 150kN，每分钟锤击 40 ~ 80 次。

⑤液压锤

液压锤是一种新型的桩锤，它是由液压推动密闭在锤壳体内的芯锤活塞柱，令其往返实现夯击作用，将桩沉入土中。液压锤具有低噪声、无油烟、能耗省、冲击频率高、沉桩效果好等优点，并能用于水下打桩，是一种理想的冲击式打桩设备。

总之，桩锤的类型应根据工程地质条件、施工现场情况、机具设备条件及工作方式和工作效率等条件来选择。

桩锤类型确定后，关键是确定锤重，一般是锤比桩重较合适。锤击沉桩时，为防止桩受过大冲击应力而损坏，应力求选用重锤低击。施工中可根据地质条件、桩型、桩的密集程度、单桩竖向承载力及现有施工条件等决定，也可根据施工经验确定。

（2）桩架

桩架的作用是支持桩身和桩锤，将桩吊到打桩位置并在打入过程中引导桩的方向，保证桩锤能沿着要求的方向冲击。

选择桩架时，应考虑桩锤的类型、桩的长度、施工地点等因素。桩架的高度应为桩长、桩锤高度、桩帽厚度、滑轮组高度的总和，此外，应留 1 ~ 2 m 高度作为桩锤的伸缩余量。

常用桩架形式有滚筒式桩架、多功能桩架和履带式桩架三种。

①滚筒式桩架

滚筒式桩架行走靠两根钢滚筒在垫木上滚动，其优点是结构简单、制作容易，但在平面转弯、调头方面不够灵活，操作人员较多，适用于预制桩及灌注桩施工。

②多功能桩架

多功能桩架，由立柱、斜撑、底盘、回转工作台及传动机构组成，其机动性和适应性很大，在水平方向可作 360° 回转。导架可以伸缩和前后倾斜，底盘下装有轮子，可在轨道上行走。这种桩架适用于各种预制桩和灌注桩施工。其缺点是机构庞大、现场组装和拆迁较麻烦。

③履带式桩架

履带式桩架以履带式起重机为底盘，增加立柱和斜撑组成。履带式桩架的性能比多功能桩架灵活，移动方便，适用范围更广，可适用于各种预制桩及灌注桩施工。

（3）动力装置

动力设备包括驱动桩锤用的动力设施，如卷扬机、锅炉、空气压缩机和管道、绳索、滑轮等。

打桩机的动力装置，主要根据所选的桩锤性质而定。选用蒸汽锤，则需配备蒸汽锅炉；选用压缩空气来驱动，则需考虑电动机或内燃机的空气压缩机；选用电源作动力，则应考虑变压器容量和位置、电缆规格及长度、现场供电情况等。

2. 打桩前的准备工作

（1）处理障碍物

打桩前，应认真处理高空、地上和地下障碍物，如地下管线、旧有基础、树木杂草等。此外，打桩前应对现场周围（一般 10 m 以内）的建筑物做全面检查，如有危房或危险构筑物，必须予以加固，不然由于打桩振动，可能造成倒塌。

（2）平整场地

在建筑物基线以外 4 ~ 6 m 范围内的整个区域或桩机进出场地及移动路线上，应做适当平整压实，并做适当坡度，保证场地排水良好。否则由于地面高低不平，不仅使桩机移动困难、降低沉桩生产率，而且难以保证就位后的桩机稳定和入土的桩身垂直，以致影响沉桩质量。

（3）材料、机具及水电准备

桩机进场后，按施工顺序铺设轨道，选定位置架设桩机和设备，接通水、电源进行试机，并移桩机至桩位，力求桩架平稳垂直。

（4）进行打桩试验

沉桩前应作数量不少于两根桩的打桩工艺试验，用以了解桩的贯入度、持力层强度、桩的承载力以及施工过程中遇到的各种问题和反常情况等。没有打过桩的地方先打试桩是必要的，通过实践来校核拟定设计方案，确定打桩方案，保证质量措施和打桩技术要求，因此试桩必须细致地进行，根据地质勘探钻孔资料选择桩位，以能代表工程所处的地质条件，打试桩时，要做好详细的试桩记录，画出各土层深度、打入各土层的锤击次数，最后精确的测量贯入度。

（5）确定打桩顺序

打桩时，由于桩对土体的挤密作用，先打入的桩被后打入的桩水平挤推而造成偏移和变位或被垂直挤拔造成浮桩，而后打入的桩难以达到设计标高或入土深度，造成土体隆起和挤压，截桩过大。所以群桩施工时，为了保证质量和进度，防止周围建筑物破坏，打桩前根据桩的密集程度、桩的规格、长短以及桩架移动是否方便等因素来选择正确的打桩顺序。打桩顺序合理与否，影响打桩速度、打桩质量及周围环境。

打桩顺序影响挤土方向。打桩向哪个方向推进，则向哪个方向挤土。根据桩的密集程度，打桩顺序分为：由一侧向单一方向进行、由中间向两个方向进行、由中间向四周进行等。

第一种打桩顺序，打桩推进方向宜逐排改变，以免土朝一个方向挤压，而导致土壤挤压不均匀，对于同一排桩，必要时还可采用间隔跳打的方式。大面积的桩群，宜采用后两种打桩顺序，以免土壤受到严重挤压，使桩难以打入，或使先打入的桩受挤压而倾斜。大面积的桩群，宜分成几个区域，由多台打桩机采用合理的顺序同时进行打设。

当桩的规格、埋深、长度不同时，宜按先大后小、先深后浅、先长后短的顺序施打。当桩头高出地面时，桩机宜往后退打，反之可往前顶打。

（6）设置水准点及定桩位

在沉桩现场或附近区域，应设置数量不少于两个水准点，以作抄平场地标高和检查桩的入土深度之用。根据建筑物的轴线控制桩，按设计图纸要求定出桩基础轴线和每个桩位。定桩位的方法是：在地面上用小木桩或撒白灰点标出桩位（当桩较稀时使用），或用设置龙门板拉线法定出桩位（当桩较密时使用）。其中，龙门板拉线法可避免因沉桩挤动土层而使小木桩移动，故能保证定位准确。同时也可作为在正式沉桩前，对桩的轴线和桩位进行复核之用。

3. 打桩工艺流程

打桩工艺流程：桩机就位→定锤吊桩→打桩→接桩→送桩或截桩→打桩测量和记录→移桩机至下一个桩位。

（1）桩机就位

打桩机就位时，应对准桩位，保证垂直稳定，在施工中不发生倾斜、移动。

（2）定锤吊桩

打桩机就位后，先将桩锤和桩帽吊起，其锤底高度应高于桩顶，并固定在桩架上，以便进行吊桩。

吊桩是用桩架上的滑轮组和卷扬机将桩吊成垂直状态送入龙门导杆内。桩提升离地时，应用拖拉绳稳住桩的下部，以免撞击桩架和临近的桩。桩送入导杆内后要稳住桩顶，先使桩尖对准桩位、扶正桩身，然后使桩插入土中。桩就位后，在桩顶放上桩垫、套上桩帽，桩帽上放入锤垫后，降下桩锤轻轻压住桩帽。桩锤底面，桩帽上、下面和桩顶都应保持水平。桩锤、桩帽和桩身中心线应在同一直线上，尽量避免偏心。桩插入土时应校正其垂直度，偏差不超过 0.5%；在桩的自重和锤重作用下，桩沉入土中一定深度而达到稳定，这时应再校正一次垂直度，即可进行打桩。

（3）打桩

打桩时应“重锤低击”，以取得良好效果。开始施打时要用小落距（一般为 0.6 m 左右）击打，入土一定深度（1 ~ 2 m）后再用全落距击打，这样桩尖不容易产生偏移。打混凝土管桩时，最大落距不大于 1.5 m；打混凝土实心桩时，最大落距不大于 0.8m。桩尖碰到孤石或硬夹层时，落距不大于 0.8 m。锤击过程要连续，速度要均匀，间歇时间不要太长。打桩过程中，应经常检查打桩架的垂直度，如偏差超过 1%，则应及时纠正，以免把桩打斜。应观察桩锤的回弹情况，如回弹太大，则说明桩锤太轻，不能使桩下沉，应更换重的桩锤。应随时观察贯入度的变化情况，当贯入度骤减、桩锤突然发生较大回跃，表明桩尖碰到障碍，此时应减小桩锤的落距，加快锤击；若还有这种现象，则应停止锤击，研究原因并进行处理。打桩过程中，如突然出现桩锤回弹，贯入度突增，锤击时桩弯曲、倾斜、颠动、桩顶破坏加剧等，表明桩身可能已破坏。

对于打斜的桩，应将其拔出，探明原因，排除障碍，用砂填孔后重新插入再打。若拔桩有困难，应会同有关单位研究处理，或在原桩位附近补桩。

桩的入土深度控制，对于承受轴向荷载的摩擦桩，应以标高为主，以贯入度作为参考；对于端承桩，则应以贯入度为主，以标高作为参考。这里的贯入度是指最后贯入度，即最后 10 击桩的平均入土深度。测量最后贯入度应在正常条件下进行，即桩顶无破坏、锤击无偏心、锤的落距符合规定、桩帽和桩垫层正常。

（4）接桩

当施工设备条件等对桩的长度有限制，而桩的设计长度又较大时，需采用多节桩段连接而成。一般混凝土预制桩接头不宜超过 2 个，预应力管桩接头不宜超过 4 个。应避免在桩尖接近硬持力层或桩尖处于硬持力层中时接桩。

接头的连接方法有焊接法、浆锚法和法兰法三种。焊接法和法兰法适用于各类土层；浆锚法适用于软弱土层。

①焊接法接桩

焊接法接桩时必须对准下节桩，将桩锤降下压紧桩顶并调整垂直，节点间若有间隙，用铁片垫实焊牢；接桩时，上、下节桩的中心线偏差不得大于 5 mm，节点弯曲矢高不得大于桩长的 1%，且不大于 20 mm；施焊前应除去节点部位预埋件及铁角的锈迹、污垢，保持清洁；焊接时，应先将四角点焊固定，再次检查位置正确后，应由两名焊工对角同时施焊以减少焊接变形；焊缝要连续、饱满，焊缝宽度、厚度应符合设计要求。

②浆锚法接桩

浆锚法接桩时首先将上节桩对准下节桩，使四根锚筋插入锚筋孔（孔径为锚筋直径的 2.5 倍），下落上节桩身使其结合紧密，然后上提，以锚筋不脱离锚孔为度。安好施工夹箍后，将熔化的硫黄胶泥（温度控制为 145 C 左右）注满锚筋孔和接桩头平面，放下上节桩并使其与下节桩紧密结合。当硫黄胶泥冷却并拆除施工夹箍后，即可继续加荷压桩。为保证硫黄胶泥接桩质量，锚筋应调直、清理干净；锚孔干净，无积水、杂物和油污等；锚孔深度与锚筋长度应吻合；接桩时接点的平面和锚筋孔内应灌满胶泥；胶泥灌注时间不得超过 2 min；胶泥要做 70 mm × 70 mm × 70 mm 的试块，每班不得少于 1 组；相接时上下桩的中心线偏差不大于 10 mm，节点弯曲矢高不得大于桩长的 1/1000。胶泥灌注时，应随气温高低的不同中间间歇 4 ~ 24 min，以达到硬化可打的目的。

③法兰法接桩

法兰法接桩主要用于混凝土管桩，由法兰盘和螺栓组成，接桩速度快，但法兰盘制作工艺较复杂，用钢量大。法兰接头主要要求相接桩端的相顶面平服，这样传力才能均匀。有误差时应设法垫沥青纸或石棉板使其达到平服，然后用低碳钢螺栓把两端扣紧连接，对称地将螺帽逐步拧紧并焊死螺帽。法兰盘和螺栓外露部分涂上防锈漆或防锈沥青胶泥，即可继续沉桩。

（5）送桩或截桩

当桩顶标高较低，需送桩入土时，应用钢制送桩器放于桩顶上，锤击送桩器将桩送入土中。送桩时送桩器的中心线与桩身中心线一致方能进行送桩。送桩器下端宜设置桩垫，要求厚薄均匀，若桩顶不平，则可用麻袋或厚纸垫平。送桩留下的桩孔应立即用碎石或黄砂回填密实。

当桩顶露出地面影响后续桩施工时，应立即截桩头；而桩顶在地面下或不影响后续桩施工时，可结合凿桩头进行。截桩头前，应测量桩顶标高，将多出部分截除。预制混凝土桩可用人工或风动工具来截除。混凝土管桩宜用人工截除。钢管桩可用长柄氧乙炔内切割器伸入管内进行粗割，使管顶高出设计标高 150 ~ 200 mm，并用临时钢盖板覆盖管口，待挖土时再边挖土边拔管以确保安全，混凝土垫层浇筑后再进行钢管桩的精割。

（6）打桩测量和记录

打桩是隐蔽工程，必须对每根桩的施打进行测量并做好详细记录。

用落锤、单动汽锤或柴油锤打桩时，从开始就应记录桩身每下沉 1 m 所需的锤击数。当桩下沉接近设计标高时，则应以一定落距测其每阵（10 击）的贯入度，使其达到设计承载力所要求的贯入度。

用双动汽锤时，从开始就应记录桩身每下沉 1 m 所需的锤击时间，以观察其沉入速度。当桩下沉接近设计标高时，则应测量每分钟下沉值。

打桩时要注意测量桩顶水平标高，可用水准仪进行测量。

4. 打桩工程质量要求

打桩工程质量要求包括两个方面，一是最后贯入度或标高符合设计要求；二是桩的偏差应在允许范围内。

打桩的贯入度或标高按下列原则控制：

第一，桩尖位于坚硬、硬塑的黏性土、碎石土、中密度以上的砂土或风化岩等土层时，以贯入度控制为主，以桩尖进入持力层深度或桩尖标高作为参考。

第二，贯入度已达到设计要求而桩尖标高未达到时，应继续锤击三阵，每阵（10 击）的平均贯入度不应大于规定数值。

第三，桩尖位于其他软土层时，以桩尖设计标高控制为主，贯入度可作为参考。

第四，打桩时，如控制指标已符合要求，而其他指标与要求相差较大时，应会同有关单位研究处理。

第五，贯入度应通过试桩确定，或做打桩试验、与有关单位确定。

混凝土预制桩打设后，桩的垂直度偏差应不大于桩位允许偏差，应符合规定。按标高控制的桩，桩顶标高的允许偏差为 –50 ~ +100 mm。

（二）静力压桩施工

静力压桩是借助专用桩架自重及桩架上的压重，通过卷扬机滑轮组或液压系统施加压力在桩顶或桩身上，桩在自重和静压力作用下被逐节压入土中的一种沉桩法。其优点是无噪声、无振动、无冲击力、施工压力小；可减少振动对地基和相邻建筑物的影响；桩顶不易损坏；沉桩精度高；可节省材料、降低成本，特别适合软土地基和城市中施工。

1. 压桩设备

静力压桩机有顶压式、箍压式和前压式三种类型。

第一，顶压式压桩机压桩时开动卷扬机，逐步将加压钢丝绳滑轮收紧，通过活动压梁将整个桩机身重和配重加在桩顶上，打桩压入土中。这种桩机通常可自行插桩就位，施工简单，但由于受压桩高度的限制，桩长一般限为12 ~ 15 m。对于长桩，需分节制作和压桩。

第二，箍压式压桩机为全液压操纵，行走机构为新型液压步履机，前后左右可自由行走，还可做任何角度的回转，以电动液压油泵为动力，最大压桩力可达 12 000 kN，配有起重装置，可自行完成桩的起吊、就位、接桩和配重装卸。它是利用液压夹持装置抱夹桩身，再垂直将桩压入土中，可不受压桩高度的限制。

第三，前压式压桩机是一种新型压桩机，其行走机构有步履式和履带式。最大压桩力可达 1 500 kN。可自行插桩就位，可作 360° 回转，压桩高度可达 20 m，有利于减少接桩工作。另外，这种压桩机不受桩架底盘的限制，适宜于靠近邻近建筑物处沉桩。

2. 压桩施工工艺

静压预制桩施工工艺流程为：场地清理和处理→测量定位→压桩机就位→吊桩、插桩→桩身对中调直→压桩→接桩→送桩（或截桩）。

（1）场地清理和处理

清除施工区域内地上、地下的障碍物。平整、压实场地并铺 10 cm 厚道碴。若场地土质松软时，应对地表土加以处理（如碾压、铺毛石垫层等），以防压桩机沉陷。

（2）测量定位

按图纸布置进行测量放线，确定出桩基轴线和每一个桩位，桩位中心打上小木桩或短钢筋并做明显标志。如在软弱场地施工，由于压桩机行走会挤走桩位标志，故在压桩机就位后要重新测定或复核桩位。

（3）压桩机就位

压桩机就位是利用行走装置完成的，它由横向行走（短船行走）装置、纵向行走（长船行走）装置和回转装置组成。

（4）吊桩、插桩

桩用起重机吊运或汽车运至压桩机附近，再利用压桩机身设置的起重机，可将桩吊入夹持器中，进行对位插桩。

（5）桩身对中调直

液压步履式压桩机是通过起动横向和纵向行走油缸将桩尖对准桩位的；开动夹持油缸和压桩油缸，将桩夹紧并压入土中 1.0 m 左右后停止压桩，检查调整桩的垂直度，保证第一节桩垂直是确保压桩质量的关键。

（6）压桩

压桩应连续进行，中间间歇时间不宜过长。在压桩时要记录桩入土深度和压力表读数的关系，以判断桩的质量。当压力表突然上升或下降时，应认真分析，判断是否遇到障碍或发生断桩等情况。

（7）接桩

当一节桩压至桩顶离地面 0.5 ~ 1.0 m 时开始接桩。要保证接桩质量，同时应尽量缩短接桩时间，以防止桩身与土体固结，造成压桩困难。

（8）送桩（或截桩）

当桩顶设计标高低于地面或桩顶接近地面而压桩力尚未达到规定值时，应用送桩器进行送桩。当桩顶高出地面而压桩力已达到规定值时，为便于后续压桩和桩机移位，应进行截桩。

终止压桩的条件：对纯摩擦桩，终压时以设计桩长为控制条件。对于长度大于 21m 的端承摩擦型静压桩，应以控制设计桩长为主，终压力值作为参考；对于设计承载力较高的桩，终压力值宜尽量接近压桩机满载值。对于长度为 14 ~ 21m 的静压桩，应以终压力达到满载值为终压控制条件；对于桩周围土质较差且设计承载力较高的桩，宜复压 1 ~ 2 次为佳。对长度小于 14 m 的桩，宜连续多次复压。

（三）其他沉桩方法

1. 振动沉桩施工

振动沉桩是利用固定在桩顶部的振动器所产生的振动力，通过桩身使土颗粒受迫振动，使其改变排列组织，产生收缩和位移，这样桩表面与土层间的摩擦力就减少，桩在自重和振动力共同作用下沉入土中。

振动沉桩设备简单，不需要其他辅助设备，重量轻、体积小、搬运方便、费用低、工效高，适用于在黏土、松散砂土及黄土和软土中沉桩，更适用于打钢板桩，同时借助起重设备可以拔桩。

振动桩锤分为三种，即超高频振动锤、中高频振动锤和低频振动锤。超高频振动锤的振动频率为 50 ~ 100 Hz，与桩体自振频率一致而产生共振。桩振动对土体产生急速冲击，

可大大减少摩擦力，以最小的功率、最快的速度打桩，可使振动对周围环境的影响减至最小。该种振动锤适合于城市中心施工。中高频振动锤的振动频率为 20 ~ 60 Hz，适用于松散冲积层、松散及中密的砂石层施工。低频振动锤适用于施打大管径柱，多用于桥梁、码头工程，缺点是振幅大、产生噪音大，可采用以下方法来减少噪声：第一，紧急制动法，即停振时使马达反转制动，使其在极短时间内越过与土层的共振域；第二，采用钻振结合法，即先钻孔后沉桩，噪音可降低到 75 dB 以下；第三，采用射水振动联合法。

振动沉桩器施工时，夹桩器必须夹紧桩头，避免滑动，否则影响沉桩效率，损坏机具。沉桩时，应保证振动箱与桩身在同一垂直线上，当遇有中密以上细砂、粉砂或其他硬夹层时，若厚度在 lm 以上，则可能发生沉入时间过长或穿不过现象，应会同设计部门共同研究解决。振动沉桩施工应控制最后三次振动，每次 5 min 或 10 min，以每分钟平均贯入度满足设计要求为准，摩擦桩以桩尖进入持力层深度为准。

2. 射水沉桩施工

射水沉桩法往往与锤击（或振动）法同时使用。在砂夹卵石层或坚硬土层中，一般以射水为主，锤击或振动为辅；在粉质黏土或黏土中，一般以锤击或振动为主，射水为辅，并控制射水时间和水量。水压与流量根据地质条件、沉桩机具、沉桩深度和射水管直径、数目等因素确定，通常在沉桩施工前经过试桩选定。

下沉空心桩一般将射水管安装在桩内部进行射水，当下沉较深或土层较

密实时，可用锤击或振动配合射水；下沉实心桩将射水管对称装在桩身两侧，并可沿桩身上下自由移动，以便在任何高度上射水冲土。

吊插桩时要注意及时引送射水管，防止拉断或脱落；桩插正立稳后，压上桩帽桩锤，开始时桩主要靠自重下沉，用较小水压控制桩身缓慢下沉，并注意控制和校正桩身垂直度。下沉渐趋缓慢时，可开锤轻击，沉至一定深度（8 ~ 10 m）已能保持桩身垂直度后，可逐步加大水压和锤的冲击动能。无论采取何种射水施工方法，在沉至距设计标高 1 ~ 1.5 m 时，应停止射水，拔出射水管，用锤击或振动沉桩至设计深度，以保证桩的承载力。

（四）预制桩施工时对周围环境的影响及预防措施

预制桩施工时对环境、邻近建筑及地下管线的不利影响主要表现在打桩噪声、振动及土体挤压等问题。

1. 噪声影响及防护

打桩噪声不仅对施工人员产生危害，而且往往造成社会性噪声危害。根据我国工业企业噪声标准规定：凡新建、扩建、改建企业允许噪声 85 dB；凡原有企业暂时达不到标准者，对大于 90 dB 的噪声污染，都要采取改进措施。

对于打桩施工噪声，一般可采取以下几种防护措施。

（1）声源控制防护

如锤击法沉桩可按桩型和地基条件选用冲击能量相当的低噪声冲击锤；振动法沉桩选用超高频振动锤和高速微振振动锤；也可采用预钻孔辅助沉桩法、振动掘削辅助沉桩法、水冲辅助沉桩法等方法。同时，可改进桩帽及采用噪声衬垫材料来降低噪声。柴油锤沉桩时，可用桩锤式或整体式消声罩装置将桩锤封隔起来。在居民密集区还可采用噪声小的液压锤施工。

（2）遮挡防护

在打桩区和受声区之间设置遮挡壁可增大噪声传播回折路线，并能发挥消声效果，减少噪声。通常情况下，遮挡壁高度不宜超过声源高度和受声区控制高度，一般在 15 m 左右较经济合理。

（3）控制打桩时间

午休及夜间尽量停止打桩，以减少打桩噪声对周围的影响，确保周围居民正常的生活和休息。

2. 振动影响及防护

沉桩时产生的振动波会对邻近的建筑物、地下结构和管线造成危害。振动的危害程度取决于桩锤锤击能量、锤击频率、土质情况、离沉桩区的距离等。可采用以下防护措施：选择低振动的桩锤（如液压锤等）；打桩时采用特殊缓冲器；采用预钻孔、水冲法、静压法相结合的沉桩工艺；开挖防震沟或设遮断减振壁；采用重锤低击，暴露地下管线等。

3. 土体挤压影响及防护

预制桩打设过程中对土体产生挤压，使施工区域周围的地基产生不均匀隆起，如地坪隆起、建筑物墙体开裂等，严重时会危及建筑物的安全，导致路面管线断裂，造成重大事故。为减少挤土影响，可采取以下几种防护措施。

（1）预钻孔沉桩法

实践表明，预钻孔沉桩法可明显改善挤土效应，地基土可减少 30% ~ 50%、超孔隙水压力值减少 40% ~ 50%，并可减少对已沉入桩的挤推及上浮，也有利于减少对周围环境的影响。一般预钻孔直径取桩径的 70% 左右，深度宜为桩长的 1/3 ~ 1/2，且应随钻随打。

（2）合理安排打桩顺序和工艺

合理安排沉桩顺序、控制打桩速度、采用重锤轻击以及先开挖基坑后打桩等措施，对减少挤土影响有明显效果。

（3）采用排水措施降低超孔隙水压力

可采用井点降水，设袋装砂桩、砂井、塑料排水板等措施，加快土中孔隙水的排泄，降低超孔隙水压力，以减少土体挤压的影响。一般袋装砂井直径为 70 ~ 80 mm、间距为 1 ~ 1.5 m、井深 10 ~ 12 m。

（4）设防挤防震沟

一般防挤防震沟宽度为 0.5 ~ 0.8 m，深度宜超过被保护的附近管线和基础埋深，但要采取相应措施，以防止沉桩时引起沟壁坍塌。

（5）设置防挤防渗墙

在打桩区域外围打钢板桩、地下连续墙或水泥搅拌桩等，可有效限制沉桩引起的变位及超孔隙水压力对邻近建筑的影响。为节约造价，可结合基坑围护结构统一考虑。

第二节　混凝土灌注桩施工

混凝土灌注桩是直接在施工现场桩位上成孔，然后放入钢筋笼再浇筑混凝土而成的桩。与预制桩相比，可节约钢材、木材和水泥，降低成本；对邻近建筑物及周围环境的有害影响小；桩长和直径可按设计要求变化自如；桩端可进入持力层或嵌入岩层；单桩承载力大等。但灌注桩成桩工艺比较复杂、操作要求严，易发生质量事故，且技术间隔时间长，不能立即承受荷载，冬期施工困难较多。

灌注桩成孔的控制深度应符合下列要求：第一，摩擦型桩。摩擦桩以设计桩长控制成孔深度。当采用锤击沉管法成孔时，桩管入土深度控制以标高为主，以贯入度为辅。第二，端承型桩。端承摩擦桩必须保证设计桩长及桩端进入持力层深度。当采用钻（冲）、挖掘成孔时，必须保证桩孔进入设计持力层深度；当采用锤击沉管法成孔时，沉管深度控制以贯入度为主，以设计持力层标高为辅。

灌注桩成孔施工顺序的确定如下：

对没有挤土作用的钻孔灌注桩，一般按现场条件和桩机行走方便的原则确定成孔顺序。对有挤土作用和振动影响的冲孔桩、沉管桩、爆扩桩等，一般可结合现场施工条件，采用下列方法确定成孔顺序：第一，间隔一个或两个桩位成孔（即跳打）；第二，在邻桩混凝土初凝前或终凝后成孔；第三，一个承台下桩数在五根以上者，中间桩先成孔，外围桩后成孔；第四，同一个承台下的爆扩桩，可采用单爆或联爆法成孔；第五，人工挖孔桩的桩净距小于 2 倍桩径且小于 2.5 m 时，应采用跳挖，排桩跳挖的最小净距不得小于 4.5 m，孔深不宜大于 40 m。

灌注桩按成孔的方法不同，可分为钻孔灌注桩、冲孔灌注桩、沉管灌注桩、人工挖孔桩等。

一、钻孔灌注桩施工

（一）钻孔机械设备

目前常见的钻孔机械有全叶螺旋钻孔机、回转钻孔机、潜水钻机、钻扩机、全套管钻机。

1. 全叶螺旋钻孔机

全叶螺旋钻孔机由主机、滑轮组、螺旋钻杆、钻头、滑动支架、出土装置等组成，适用于地下水位以上的黏土、粉土、中密以上的砂土或人工填土土层的成孔，成孔的孔径为 300 ~ 800 mm、钻孔深度为 8 ~ 12 m。配有多种钻头，以适应不同的土层。

2. 回转钻孔机

回转钻孔机由机械动力传动，配以笼头式钻头，可以多挡调速或液压无级调速，以泵吸式或气举的反循环或正循环泥浆护壁方式钻进，设有移动装置，设备性能可靠、噪声振动小、钻进效率高、钻孔质量好。该机的最大钻孔直径可达 2.5 m，钻进深度可达 50 ~ 100 m，适用于碎石类土、砂土、黏性土、粉土、强风化岩、软质与硬质岩石等多种地质条件。

3. 潜水钻机

潜水钻机适用于黏性土、黏土、淤泥、淤泥质土、砂土、强风化岩、软质岩层，不宜用于碎石土层中。这种钻机以潜水电动机作动力，工作时动力装置潜在孔底，耗用动力小，钻孔效率高，电动机防水性能好，运转时温升较低，过载力强，钻架对场地承载力要求低，可采用正循环、反循环两种方式排渣。其缺点是：钻孔时采用泥浆护壁，易造成现场泥泞；采用反循环钻孔时，如土体中有较大石块，则容易卡管；容易产生桩侧周围土层和桩尖土层松散，使桩径扩大、灌注混凝土超量。

4. 钻扩机

钻扩机是钻孔扩底灌注桩成孔机械。常用钻扩机是双管螺旋钻孔机，它的主要部分是由两根并列的开口套管组成的钻杆和钻头，钻头上装有钻孔刀和扩孔刀，用液压操纵，可使钻头并拢或张开。开始钻孔时，钻杆和钻头顺时针方向旋转钻进土中，切下的土由套管中的螺旋叶片送至地面。当钻孔达到设计深度时，操纵液压阀使钻头徐徐撑开，边旋转边扩孔，切下的土也由套管内叶片输送到地面，直到达到设计要求为止。

5. 全套管钻机

全套管钻机是由法国贝诺特公司首先开发研制而成的，故又称为“贝诺特钻机”，它在成孔和混凝土浇筑过程中完全依靠套管护壁。钻孔直径最大可达 2.5 m，钻孔深度可达 40 m，拔管能力最大达到 5 000 kN。全套管钻机施工具有以下优点：除岩层以外，任何土层均适用；挖掘时可确切地分清持力层土质，因此可随时确定混凝土桩的深度；在软土中，由于有套管护壁，不会引起塌方；可钻斜孔，用于斜桩。其不足之处是：机身庞大沉重，套管上拔时所需反力大，由于套管的摆动使周围地基扰动而松散。

（二）钻孔灌注桩施工工艺

钻孔灌注桩是先成孔，然后吊放钢筋笼，再浇灌混凝土而成。依据地质条件不同，分为干作业成孔和泥浆护壁（湿作业）成孔两类。

1. 干作业成孔灌注桩施工

成孔时若无地下水或地下水很小，基本上不影响工程施工时，称为干作业成孔。干作业成孔主要适用于北方地区和地下水位低的土层。

（1）施工工艺流程

场地清理→测量放线定桩位→桩机就位→钻孔取土成孔→清除孔底沉渣→成孔质量检查验收→吊放钢筋笼→浇筑孔内混凝土。

（2）施工注意事项

干作业成孔一般采用螺旋钻成孔，还可采用机扩法扩底。为了确保成桩后的质量，施工中应注意以下事项：

第一，开始钻孔时，应保持钻杆垂直、位置正确，防止因钻杆晃动引起孔径扩大及增多孔底虚土。

第二，发现钻杆摇晃、移动、偏斜或难以钻进时，应提钻检查，排除地下障碍物，避免桩孔偏斜和钻具损坏。

第三，钻进过程中，应随时清理孔口黏土，遇到地下水、塌孔、缩孔等异常情况时，应停止钻孔，会同有关单位研究处理。

第四，钻头进入硬土层时，易造成钻孔偏斜，可提起钻头上下反复扫钻几次，以便削去硬土。若纠正无效，可在孔中局部回填黏土至偏孔处 0.5 m 以上，再重新钻进。

第五，成孔达到设计深度后，应保护好孔口，按规定验收，并做好施工记录。

第六，孔底虚土尽可能清除干净，可采用夯锤夯击孔底虚土或进行压力注水泥浆处理，然后尽快吊放钢筋笼，并浇筑混凝土。混凝土应分层浇筑，每层高度不大于 1.5 m。

2. 泥浆护壁成孔灌注桩施工

泥浆护壁成孔灌注桩是利用泥浆护壁，钻孔时通过循环泥浆将钻头切削下的土渣排出孔外而成孔，然后吊放钢筋笼，水下灌注混凝土而成桩。成孔方式有正（反）循环回转钻成孔、正（反）循环潜水钻成孔、冲击钻成孔、冲抓锥成孔、钻斗钻成孔等。

（1）施工工艺流程。泥浆护壁成孔灌注桩施工工艺流程如下：

①测定桩位

清理好施工场地后，设置桩基轴线定位点和水准点，根据桩位平面布置施工图，定出每根桩的位置，并做好标志。施工前，桩位要检查复核，以防止被外界因素影响而造成偏移。

②埋设护筒

护筒的作用是：固定桩孔位置，防止地面水流入，保护孔口，维持孔内水头，防止塌孔，为钻头导向。护筒用 4 ~ 8 mm 厚钢板制成，内径比钻头直径大 100 ~ 200 mm，顶面高出地面 0.4 ~ 0.6 m，上部开 1 ~ 2 个溢浆孔。护筒埋置深度在黏土中不少于 1.0 m，在砂土中不少于 1.5 m，其高度要满足孔内泥浆液面高度的要求，孔内泥浆液面应保持高出地下水位 1.0 m 以上。采用挖坑埋设时，坑的直径应比护筒外径大 0.8 ~ 1.0 m。护筒中心与桩位中心线偏差不应大于 50 mm，对位后应在护筒外侧填入黏土并分层夯实。

③泥浆制备

泥浆的作用是护壁、携砂排土、切土润滑、冷却钻头等，其中以护壁为主。泥浆制备方法应根据土质条件确定：在黏土和粉质黏土中成孔时，可注入清水，以原土造浆，排渣泥浆的密度应控制为 1.1 ~ 1.3 g/cm^3；在其他土层中成孔，泥浆可选用高塑性的黏土或膨润土制备；在砂土和较厚夹砂层中成孔时，泥浆的密度应控制为 1.1 ~ 1.3 g/cm^3；在穿过砂夹卵石层或容易塌孔的土层中成孔时，泥浆的密度应控制在 1.3 ~ 1.5 g/cm^3。施工中应经常测定泥浆的密度，并定期测定黏度、含砂率和胶体率。泥浆的控制指标为黏度 18 ~ 22 s、含砂率不大于 8%、胶体率不小于 90%，为了提高泥浆质量可加入外掺料，如增重剂、增黏剂、分散剂等。施工中废弃的泥浆、泥渣应按环保的有关规定处理。

④成孔方法

成孔方法有三种，即回转钻成孔、潜水钻成孔和冲击钻成孔。

A. 回转钻成孔

回转钻成孔是国内灌注桩施工中最常用的方法之一。按排渣方式不同，分为正循环回转钻成孔和反循环回转钻成孔两种。

正循环回转钻成孔是由钻机回转装置带动钻杆和钻头回转切削破碎岩土，由泥浆泵往钻杆输进泥浆，泥浆沿孔壁上升，从孔口溢浆孔溢出流入泥浆池，经沉淀处理返回循刑池。正循环成孔泥浆的上返速度低、携带土粒直径小、排渣能力差、岩土重复破碎现象严重，适用于填土、淤泥、黏土、粉土、砂土等地层，对于卵砾石含量不大于 15%、粒径小于 10 mm 的部分砂卵砾石层和软质基岩及较硬基岩也可使用。桩孔直径不宜大于 1000 mm，钻孔深度不宜超过 40 m。正循环钻进主要参数有冲洗液量、转速和钻压。保持足够的冲洗液（指泥浆或水）量是提高正循环钻进效率的关键。

反循环回转钻成孔是由钻机回转装置带动钻杆和钻头回转切削破碎岩土，利用泵吸、气举、喷射等措施抽吸循环护壁泥浆，携带钻渣从钻杆内腔抽吸出孔外的成孔方法。根据抽吸原理不同，可分为泵吸反循环、喷射（射流）反循环和气举反循环三种施工工艺。泵吸反循环是直接利用砂石泵的抽吸作用使钻杆的水流上升而形成反循环；喷射（射流）反循环是利用射流泵射出的高速水流产生负压使钻杆内的水流上升而形成反循环；气举反循环是利用送入压缩空气使水循环，钻杆内水流上升速度与钻杆内外液柱重度差有关，随孔深增大效率增加。当孔深小于 50 m 时，宜选用泵吸反循环或射流反循环；当孔深大于 50 m 时，宜采用气举反循环。

B. 潜水钻机同样使用泥浆护壁成孔

潜水钻正循环是利用泥浆泵将泥浆压入空心钻杆，并通过中空的电动机和钻头等射入孔底，然后携带着钻头切削下的钻渣在钻孔中上浮，由溢浆孔溢出进入泥浆沉淀池，经沉淀处理后返回循环池。

潜水钻反循环有泵吸法、泵举法和气举法三种。若为气举法出渣，开孔时只能用正循环或泵吸式开孔，钻孔为 6 ~ 7 m 深时，才可改为反循环气举法出渣。反循环泵吸式用吸浆泵出渣时，吸浆泵可潜入泥浆下工作，因而出渣效率高。

冲击钻成孔。冲孔是用冲击钻机把带钻刃的重钻头（又称冲锤）提高，靠自由下落的冲击力来削切岩层，排出碎渣成孔。冲击钻机有钻杆式和钢丝绳式两种。前者所钻孔径较小、效率低、应用较少；后者钻孔直径大，有 800 mm、1000 mm、1 200 mm 几种。钻头可用锻制或用铸钢制造，钻刃用 T18 号钢制造，与钻头焊接。钻头形式有十字钻头及三翼钻头等。锤重 500 ~ 3 000 kg。冲孔施工时，首先准备好护壁料，若表层为软土，则在护筒内加片石、砂砾和黏土（比例为 3 ∶ 1 ∶ 1）；若表层为砂砾卵石，则在护筒内加小石子和黏土（比例为 1 ∶ 1）。冲孔时，开始低锤密击，落距为 0.4 ~ 0.6 m，直至开孔深度达护筒底以下 3 ~ 4 m 时，将落距提高至 1.5 ~ 2 m。掏渣采用抽筒，用以掏取孔内岩屑和石渣，也可进入稀软土、流砂、松散土层排土和修平孔壁。掏渣每台班一次，每次 4 ~ 5 桶。用冲击钻冲孔，冲程为 0.5 ~ 1.0 m，冲击次数 40 ~ 50 次 /min，孔深可达 300 m。这种冲击钻冲孔适用于风化岩及各种软土层成孔，但由于冲击锤自由下落时导向不严格，扩孔率大，实际成孔直径比设计桩径要增大 10%～20%。若扩孔率增大，应查明原因后再成孔。

⑤清孔

当钻孔达到设计要求深度并经终孔检查合格后，应立即进行清孔，目的是清除孔底沉渣以减少桩基的沉降量，提高承载能力，确保桩基质量。清孔方法有真空吸泥渣法、射水抽渣法、换浆法和掏渣法。

真空吸泥渣法适用于密实、不易坍塌的土层；射水抽渣法适用于一般不够稳定的土层；换浆法适用于泥浆循环排渣钻孔桩；掏渣法是在冲击钻成孔中，一部分钻渣连同泥浆被挤入孔壁，大部分靠掏渣筒清出。也可在清渣后投入一些泡发过的散碎黏土，通过冲击锤低冲程的反复拌浆，使孔底剩余沉渣悬浮排出。

清孔应达到如下标准：第一，对孔内排出或抽出的泥浆，用手摸捻应无粗粒感觉，孔底 500 mm 以内的泥浆密度小于 1.25 g/cm^3（原土造浆的孔则应小于 1.1 g/cm^3）；第二，在浇筑混凝土前，孔底沉渣允许厚度应符合标准规定，即端承桩≤ 50 mm；摩擦端承桩、端承摩擦桩≤ 100 mm；摩擦桩≤ 300 mm。

⑥吊放钢筋笼

清孔后应立即安放钢筋笼、浇筑混凝土。钢筋笼一般都在工地制作，制作时要求主筋环向均匀布置，箍筋直径及间距、主筋保护层、加劲箍的间距等均应符合设计要求。分段制作的钢筋笼，其接头采用焊接且应符合施工及验收规范的规定。钢筋笼主筋净距必须大于 3 倍的集料粒径，加劲箍宜设在主筋外侧，钢筋保护层厚度不应小于 35 mm（水下混凝土不得小于 50 mm）。可在主筋外侧安设钢筋定位器，以确保保护层厚度。为了防止钢筋笼变形，可在钢筋笼上每隔 2 m 设置一道加强箍，并在钢筋笼内每隔 3～4 m 装一个可拆卸的十字形临时加劲架，在吊放入孔后拆除。吊放钢筋笼时应保持垂直、缓缓放入，防止碰撞孔壁。若造成塌孔或安放钢筋笼时间太长，应进行二次清孔后再浇筑混凝土。

⑦水下浇筑混凝土

泥浆护壁成孔灌注桩的水下混凝土浇筑常用导管法，混凝土强度等级不低于 C20，坍落度为 18～22 cm。其浇筑方法，如图 2-1 所示，所用设备有金属导管、承料漏斗和提升机具等。

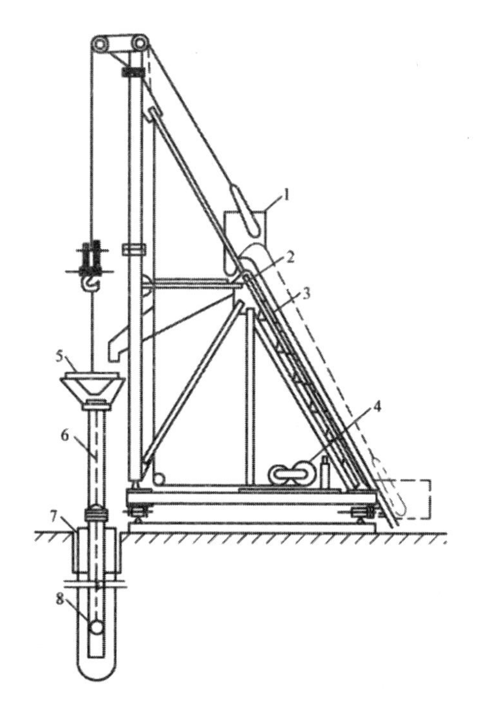

图 2–1　水下浇筑混凝土

1—上料斗；2—贮料斗；3—滑道；4—卷扬机；
5—漏斗；6—导管；7—护筒；8—隔水栓

导管一般用无缝钢管制作，直径为 200 ~ 300 mm，每节长度为 2 ~ 3 m，最下一节为脚管，长度不小于 4 m，各节管用法兰盘和螺栓连接。承料漏斗利用法兰盘安装在导管顶端，其容积应大于保证管内混凝土所必须保持的高度和开始浇筑时导管埋置深度所要求的混凝土的体积。

隔水栓（球塞）用来隔开混凝土与泥浆（或水），可用木球或混凝土圆柱塞等，其直径宜比导管内径小 20 ~ 25 mm。用 3 ~ 5 mm 厚的橡胶圈密封，其直径宜比导管内径大 5 ~ 6 mm。

导管使用前应试拼装、过球和进行封闭水压试验，试验压力为 0.6 ~ 1.0 MPa，不漏水者方可使用。浇筑时，用提升机具将承料漏斗和导管悬吊起来后，沉至孔底，往导管中放隔水栓，隔水栓用绳子或铁丝吊挂，然后向导管内灌一定数量的混凝土，并使其下口距地基面约 300 mm，立即迅速剪断吊绳（水深在 10 m 以内可用此法）或让球塞下滑至管的中部或接近底部再剪断吊绳，使混凝土靠自重推动球塞下落，冲向基底，并向四周扩散。球塞被推出管后，混凝土则在导管下部包围导管，形成混凝土堆，这时可把导管再下降至基底 100 ~ 200 mm 处，使导管下部能有更多的部分埋入首批浇筑的混凝土中。然后不断地将混凝土通过承料漏斗浇入导管内，管外混凝土面不断被挤压上升。随着管外混凝土面的上升，相应地逐渐提升导管。导管应缓缓提升，每次 200 mm 左右，严防提升过度，务必保证导管下端埋入混凝土中的深度不少于规定的最小埋置深度。一般情况下，在泥浆中浇筑混凝土时，导管最小埋置深度不能小于 1 m，适宜的埋置深度为 2 ~ 4 m，但也不宜过深，以免混凝土的流动阻力太大，易造成堵管。混凝土浇筑过程应连续进行，不得中断。混凝土浇筑的最终标高应比设计标高高出 0.5 m。

（2）常见工程质量问题及防治措施

泥浆护壁成孔灌注桩施工时常易发生坍孔、钻孔偏移、护筒冒水等工程质量问题，水下混凝土浇筑属于隐蔽工程，一旦发生质量事故难以观察和补救，所以应严格遵守操作规程，在有经验的工程技术人员指导下认真施工，并做好隐蔽工程记录，以确保工程质量。

①坍孔

主要原因：土质松散；泥浆质量不好；护筒埋置太浅，护筒内水头压力不够；成孔速度太快，孔壁来不及形成泥膜。

防治措施：保持或提高孔内水位；加大泥浆稠度；提高护筒内水位，护筒周围用黏土填封紧密；成孔速度根据地质情况确定；对轻度坍孔的，应加大泥浆密度和提高水位；对严重坍孔的，应全部回填，待回填沉积密实后再钻进。

②钻孔偏移

主要原因：钻机成孔时，遇不平整的岩层，土质软硬不均，或遇孤石，钻头所受阻力不匀，造成倾斜；钻头导向部分太短，导向性差；地面不平或不均匀沉降，桩架不平稳。

防治措施：在有倾斜状的软硬土层处钻进时，控制进尺速度以低速钻进，并提起钻头，上下反复扫钻几次，以便削去硬土层；设置足够长度的钻头导向；场地要平整，安装钻机时调平桩架；偏斜过大时，填入石子黏土重新钻进，控制钻速，慢速上下提升、下降，往复扩孔纠正。

③护筒冒水

主要原因：埋设护筒时若周围填土不密实或者由于起落钻头时碰动了护筒。

防治措施：初发现护筒冒水，可用黏土在护筒四周填实加固。若护筒严重下沉或位移，则返工重埋。

二、沉管灌注桩施工

沉管灌注桩是目前采用较为广泛的一种灌注桩。依据使用桩锤和成桩工艺不同，可分为锤击沉管灌注桩、振动沉管灌注桩、静压沉管灌注桩、振动冲击沉管灌注桩和沉管夯扩灌注桩等。这类灌注桩的施工工艺是：使用锤击式桩锤或振动式桩锤将带有桩尖的钢管沉入土中，造成桩孔，然后放置钢筋笼、灌注混凝土，最后拔出钢管，形成所需的灌注桩。沉管桩对周围环境有噪音、振动、土体挤压等影响。

（一）锤击沉管灌注桩施工

锤击沉管灌注桩的机械设备由桩管、桩锤、桩架、卷扬机滑轮组、行走机构组成。锤击沉管灌注桩适用于一般黏性土、淤泥质土、砂土和人工填土地基，但不能在密实的砂砾石、漂石层中使用。

沉管灌注桩施工工艺流程：定位埋设混凝土预制桩尖→桩机就位→锤击沉管→灌注混凝土→边拔管、边锤击、边继续灌注混凝土（中间插入吊放钢筋笼）→成桩。

施工时，用桩架吊起钢桩管，对准埋好的预制钢筋混凝土桩尖。桩管与桩尖连接处要垫以麻袋、草绳，以防地下水渗入管内。缓缓放下桩管，套入桩尖压进土中，桩管上端扣上桩帽，检查桩管与桩锤是否在同一垂直线上，桩管垂直度偏差＜ 0.5% 时即可锤击沉管。先用低锤轻击，观察无偏移后再正常施打，直至符合设计要求的沉桩标高，并检查管内有无泥浆或进水，即可灌注混凝土。管内混凝土应尽量灌满，然后开始拔管。凡灌注配有不到孔底的钢筋笼的桩身混凝土时，第一次混凝土应先灌注至笼底标高，然后放置钢筋笼，再灌注混凝土至桩顶标高。第一次拔管高度应控制在能容纳第二次所需灌入的混凝土量为限，不宜拔得过高。在拔管过程中应用专用测锤或浮标，检查混凝土面的下降情况。

拔管速度要均匀，对一般土层以 1 m/min 为宜，在软弱土层及软硬土层交界处宜控制在 0.3 ~ 0.8 m/min 为宜。采用倒打拔管时，桩锤的冲击频率为：单动汽锤不得少于 50 次 /min，自由落锤轻击不得少于 40 次 /min。在管底未拔至桩顶设计标高之前，倒打和轻击不得中断。锤击沉管桩混凝土强度等级不得低于 C20，每立方米混凝土的水泥用量不宜少于 300 kg。混凝土坍落度在配钢筋时宜为 80 ~ 100 mm，无钢筋时宜为 60 ~ 80 mm。碎石粒径在配有钢筋时不大于 25 mm，无钢筋时不大于 40 mm。预制钢筋混凝土桩尖的强度等级不得低于 C30。混凝土充盈系数不得小于 1.0，成桩后的桩身混凝土顶面标高应至少高出设计标高 500 mm。

锤击沉管成桩宜按桩基施工顺序依次退打。当桩较稀疏时（中心距＞ 3.5 倍桩径或 2 m），可采用连打方法；当桩较密集时（中心距≤ 3.5 倍桩径或 2 m），为防止土体挤压而产生断桩现象应采用跳跃施打的方法，中间空出的桩应待邻桩混凝土强度达到设计强度等级的 50% 以上方可施打。

为了扩大桩径，提高承载力或补救缺陷，可采用复打法。复打法是在第一次单打将混凝土浇筑到桩顶设计标高后，清除桩管外壁上污泥和孔周围地表的浮土，立即在原桩位上再次安放桩尖，进行第二次沉管，使第一次未凝固的混凝土向四周挤压密实，将桩径扩大，然后第二次浇筑混凝土成桩。复打施工时，桩管中心线应与初打中心线重合；第一次灌注的混凝土应接近自然地面标高；必须在第一次灌注混凝土初凝前，完成复打工作；复打以一次复打为宜；钢筋笼在第二次沉管后吊放。

（二）振动冲击沉管灌注桩、振动沉管灌注桩施工

振动冲击沉管灌注桩是利用振动桩锤（又称激振器）、振动冲击锤将桩管沉入土中，然后灌注混凝土而成。这两种灌注桩与锤击沉管灌注桩相比，更适合于稍密及中密的砂土地基施工。振动沉管灌注桩和振动冲击沉管灌注桩的施工工艺完全相同，只是前者用振动锤沉桩，后者用振动带冲击的桩锤沉桩。如图 2–2 所示为振动沉管灌注桩设备示意图。

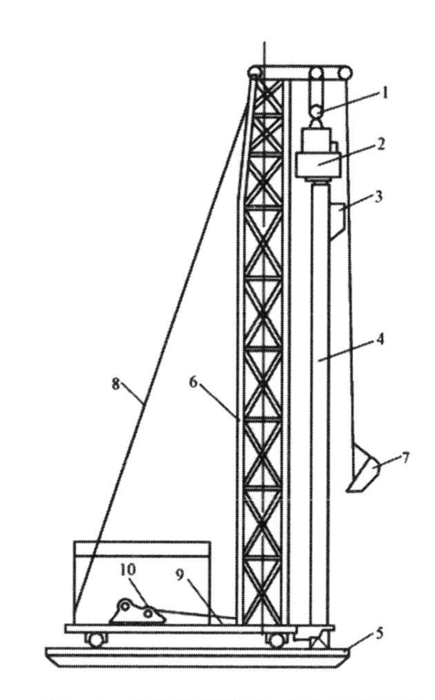

图 2–2　振动沉管灌注桩设备示意图

1—滑轮组；2—激振器；3—漏斗口；4—桩管；5—枕木；
6—架身；7—吊斗；8—拉索；9—架底；10—卷扬机

施工时，先安好桩机，将桩管下端活瓣桩尖合起来，或埋好预制桩尖，对准桩位，徐徐放下桩管，压入土中，校正桩管垂直度，符合要求后开动激振器，同时在桩管上加压，桩管即能沉入土中。当桩管沉到设计标高，停止振动，安放钢筋笼，并用吊斗将混凝土灌入桩管内，然后再开动激振器和卷扬机，拔出钢管，边振边拔，从而使桩的混凝土得到振实。

振动灌注桩可采用单打法、反插法或复打法施工。

第一，单打法是一般正常的沉管方法，它是将桩管沉入设计要求的深度后，边灌混凝土边拔管，最后成桩。适用于含水量较小的土层，且宜采用预制桩尖。桩内灌满混凝土后，应先振动 5 ~ 10 s，再开始拔管，边振边拔，每拔 0.5 ~ 1.0 m 停拔振动 5 ~ 10 s，如此反复进行，直至桩管全部拔出。拔管速度在一般土层内宜为 1.2 ~ 1.5 m/min，用活瓣桩尖时宜慢，预制桩尖可适当加快，在软弱土层中拔管速度宜为 0.6 ~ 0.8 m/min。

第二，反插法是在拔管过程中边振边拔，每次拔管 0.5 ~ 1.0 m，再向下反插 0.3 ~ 0.5 m，如此反复并保持振动，直至桩管全部拔出。在桩尖处 1.5 m 范围内，宜多次反插以扩大桩的局部断面。穿过淤泥夹层时，应放慢拔管速度，并减少拔管高度和反插深度。在流动性淤泥中不宜使用反插法。

第三，复打法是在单打法施工完拔出桩管后，立即在原桩位再放置第二个桩尖，再第二次下沉桩管，将原桩位未凝结的混凝土向四周土中挤压，扩大桩径，然后再第二次灌注混凝土和拔管。采用全长复打的目的是提高桩的承载力。局部复打主要是为了处理沉桩过程中所出现的质量缺陷，如发现或怀疑出现缩颈、断桩等缺陷，局部复打深度应超过断桩或缩颈区 1 m 以上。复打必须在第一次灌注的混凝土初凝之前完成。

（三）沉管灌注桩施工中常见问题的分析与处理

沉管灌注桩施工时易发生缩颈、断桩、桩靴进水或进泥砂、吊脚桩等问题，施工中应加强检查并及时处理。

1. 缩颈

缩颈桩又称为瓶颈桩，是指浇筑混凝土后的桩身局部直径小于设计尺寸。

主要原因：拔管速度过快或管内混凝土量过少；混凝土本身和易性差；在地下水位以下或饱和淤泥或淤泥质土中沉桩管时，局部产生孔隙压力，把部分桩体挤成缩颈；桩身间距过小，施工时受邻桩挤压。

防治措施：施工时每次向桩管内尽量多灌混凝土，一般使管内混凝土高于地面或地下水位 1.0 ~ 1.5 m；桩拔管速度不得大于 0.8 ~ 1.0 m/min；在淤泥质土中采用复打或反插法施工；桩身混凝土应用和易性好的低流动性混凝土浇筑；桩间距过小时宜用跳打法施工。

2. 断桩

断桩是指桩身局部残缺夹有泥土，或桩身的某一部位混凝土坍塌，上部被土填充。

主要原因：混凝土终凝不久，受振动和外力扰动；桩中心距过近，打邻桩时受挤压；拔管时速度过快或集料粒径太大。

防治措施：混凝土终凝不久避免振动和扰动；桩中心过近，可采用跳打或控制时间的方法，采用跳打法施工；控制拔管速度，一般以 1.2 ~ 1.5 m/min 为宜；若已出现断桩，可采用复打法解决。

3. 桩靴进水或进泥砂

桩靴进水或进泥砂是指套管活瓣处涌水或是泥砂进入桩管内。

主要原因：地下水位高；含水量大的淤泥和粉砂土层。

防治措施：地下水量大时，桩管沉到地下水位时，用水泥砂浆灌入管内约 0.5 m 作封底，并再灌注 lm 高混凝土，然后打下；桩靴进水或进泥砂后，可将桩管拔出，修复改正桩尖缝隙后，用砂回填桩孔重打。

4. 吊脚桩

吊脚桩即桩底部的混凝土隔空，或混凝土中混进了泥砂而形成松软层的桩。

主要原因：预制桩靴质量较差，沉管时桩靴被挤入套管内阻塞混凝土下落，或活瓣桩靴质量较差，沉管时被损坏。

防治措施：严格检查桩靴的质量和强度，检查桩靴与桩管的密封情况，防止桩靴在施工时压入桩管；若已出现混凝土拒落，可在拒落部位采用反插法处理；桩靴损坏、不密合，可将桩管拔出，将桩靴活瓣修复，孔回填，重新沉入。

三、人工挖孔灌注桩施工

人工挖孔灌注桩是指采用人工挖掘成孔，配以简易的施工机具，将孔挖到设计要求的持力层，孔底部分根据设计要求还可扩大，经过清孔及吊放钢筋笼后，在孔内灌注混凝土而成的大直径桩。人工挖孔灌注桩的优点是：机具设备简单，施工操作方便，占用施工场地小，无噪声，无振动，不污染环境，对周围建筑物影响小，施工质量可靠，可多孔同时开挖，工期缩短，造价低等。但人工挖孔桩施工人员作业条件差，施工中要特别重视流砂、有害气体等的影响，要严格按操作规程施工，制订可靠的安全措施。

（一）施工工艺

人工挖孔桩的护壁常采用现浇混凝土护壁，也可采用钢护筒或采用沉井护壁等。采用现浇混凝土护壁时的施工工艺过程如下：

1. 测定桩位、放线

2. 开挖土方

采用分段开挖，每段高度取决于土壁的直立能力，一般为 0.5 ~ 1.0 m，开挖直径为设计桩径加上 2 倍护壁厚度。挖土顺序是“自上而下，先中间、后孔边”。

3. 支撑护壁模板

模板高度取决于开挖土方每段的高度，一般为 lm，由 4 ~ 8 块活动模板组合而成。护壁厚度不宜小于 100 mm，一般取 D/10+5 cm（D 桩径），且第一段井圈的护壁厚度应比以下各段增加 100 ~ 150 mm，上、下节护壁可用长为 1 m 左右 ϕ 6 ~ ϕ 8 的钢筋进行拉结。

4. 在模板顶放置操作平台

平台可用角钢和钢板制成半圆形，两个合起来即为一个整圆，用来临时放置混凝土和浇筑混凝土用。

5. 浇筑护壁混凝土

护壁混凝土的强度等级不得低于桩身混凝土强度等级，应注意浇捣密实。根据土层渗水情况，可考虑使用速凝剂。不得在桩孔水淹没模板的情况下浇护壁混凝土。每节护壁均应在当日连续施工完毕。上、下节护壁搭接长度不小于 50mm。

6. 拆除模板继续下一段的施工

一般在浇筑混凝土 24 h 之后便可拆模。若发现护壁有蜂窝、孔洞、漏水现象时，应及时补强、堵塞，防止孔外水通过护壁流入桩孔内。当护壁符合质量要求后，便可开挖下一段的土方，再支模浇筑护壁混凝土，如此循环，直至挖到设计要求的深度并按设计进行扩底。

7. 安放钢筋笼、浇筑混凝土

孔底有积水时应先排除积水再浇筑混凝土，当混凝土浇至钢筋的底面设计标高时再安放钢筋笼，继续浇筑桩身混凝土。

（二）施工注意事项

第一，桩孔开挖，当桩净距小于 2 倍桩径且小于 2.5 m 时，应采用间隔开挖。排桩跳挖的最小施工净距不得小于 4.5 m，孔深不宜大于 40 m。

第二，每段挖土后必须吊线检查中心线位置是否正确，桩孔中心线平面位置偏差不宜超过 50 mm，桩的垂直度偏差不得超过 1%，桩径不得小于设计直径。

第三，防止土壁坍塌及流砂。挖土如遇到松散或流砂土层时，可减少每段开挖深度（取 0.3 ~ 0.5 m）或采用钢护筒、预制混凝土沉井等作护壁，待穿过此土层后再按一般方法施工。流砂现象严重时，应采用井点降水处理。

第四，浇筑桩身混凝土时，应注意清孔及防止积水，桩身混凝土应一次连续浇筑完毕，不留施工缝。为防止混凝土离析，宜采用串筒来浇筑混凝土，如果地下水穿过护壁流入量较大无法抽干时，则应采用导管法浇筑水下混凝土。

第五，必须制订好安全措施：①施工人员进入孔内必须戴安全帽，孔内有人作业时，孔上必须有人监督防护。②孔内必须设置应急软爬梯供人员上、下井；使用的电动葫芦、吊笼等应安全可靠并配有自动卡紧保险装置；不得用麻绳和尼龙绳吊挂或脚踏井壁凸缘上、下井；电动葫芦使用前必须检验其安全起吊能力。③每日开工前必须检测井下的有毒有害气体，并有足够的安全防护措施。桩孔开挖深度超过 10 m 时，应有专门向井下送风的设备，风量不宜少于 25 L/s。④护壁应高出地面 200 ~ 300 mm，以防杂物滚入孔内；孔周围要设 0.8 m 高的护栏。⑤孔内照明要用 12 V 以下的安全灯或安全矿灯。使用的电器必须有严格的接地、接零和漏电保护器（如潜水泵等）。

第三章　砌筑工程

第一节　砌筑脚手架工程

在建筑施工中，脚手架占有特别重要的地位。选择与使用得合适与否，不但直接影响施工作业的安全和顺利进行，而且关系到工程质量、施工进程和企业经济效益的提高，是建筑施工技术措施中重要的环节之一

脚手架是砌筑过程中堆放材料和工人进行操作的临时设施按脚手架的搭设位置分为外脚手架和里脚手架两大类；按脚手架所用材料分为木脚手架、竹脚手架和金属脚手架；按脚手架结构形式分为多立杆式、碗扣式、门式、附着式升降脚手架和悬吊脚手架等

对脚手架的基本要求是：宽度应满足工人操作、材料堆放和运输的要求，结构简单，坚固稳定，装拆方便，能多次周转使用。

一、脚手架的类型

（一）外脚手架

外脚手架是指搭设在外墙外面的脚手架。其主要结构形式有钢管扣件式、碗扣式、门式、方塔式、附着式升降脚手架和悬吊脚手架等。在建筑施工中要大力推广碗扣式脚手架和门型脚手架。

1. 钢管扣件式多立杆脚手架

早期的多立杆脚手架主要是采用竹、木杆件搭设而成，后来逐渐采用钢管和特制的扣件来搭设。这种多立杆脚手架有扣件式和碗扣式两种

钢管扣件式多立杆脚手架由标准钢管杆件（立杆、横杆、斜撑）通过特制扣件组成的脚手架框架与脚手板、防护构件、连墙件等组成，它可用作外脚手架，也可用作内部的满堂脚手架，是目前常用的一种脚手架。钢管扣件式多立杆脚手架目前应用最广泛，装拆方便、搭设高度大，能适应建筑物平立面的变化。虽然一次投资较大，但摊销费较低。

2. 碗扣式钢管脚手架

碗扣式钢管脚手架也称多功能碗扣型脚手架，是我国参考国外经验自行研制的一种多功能脚手架。这种脚手架的核心部件是碗扣接头（见图 3–1），由上碗扣、下碗扣、横杆接头和上碗扣的限位销等组成。

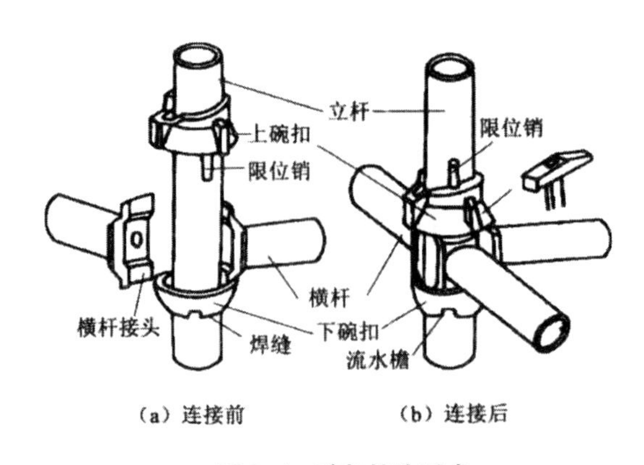

图 3–1　碗扣接头形式

碗扣接头适合搭设扇形表面及高层建筑施工和装修作业用外脚手架，还可做模板支撑主构件分为立杆、顶杆、横杆、底座、辅助构件（小横杆、脚手板、斜道板、挡脚板、挑梁、架梯、连接销、直角销、连接撑、立杆托撑、立杆斜撑、横托撑、安全网、垫座、转角座、可调座、提升滑轮、悬挑架、爬升挑架）。

碗扣式钢管脚手架的设计杆配件按其用途可分为主构件和专用构件。主构件用以作为脚手架主体的杆部件有以下五种。

（1）立杆

立杆是主要受力杆件，由一定长度的巾 48 mm × 3.5 mm（Q235）钢管上每隔 0.6 m 套一组碗扣接头，并在其顶端焊接立杆连接管制成。立杆有 3.0 m

和 1.8 m 长两种规格。

（2）顶杆

顶杆即顶部立杆，其顶部设有立杆连接管，便于在顶端插入托撑或可调托撑。顶杆有 2.1 m、1.5 m 和 0.9 m 长 3 种规格，主要用于支撑架、支撑柱和物料提升架等的顶部。顶杆与立杆配合可以构成任意高度的支撑架。

（3）横杆

横杆组成框架的横向连接杆件，由一定长度的 ϕ 48mm × 3.5mm（Q235）钢管两端焊接横杆接头制成。横杆有 2.4 m、1.8 m、1.5 m、1.2 m、0.9 m、0.6 m 和 0.3 m 长 7 种规格。

（4）斜杆

斜杆是为增强脚手架的稳定性而设计的系列构件，在 ϕ 48 mm × 2.2 mm（Q235）钢管两端铆接斜杆接头而成，斜杆接头可以转动，同横杆接头一样可装在下碗扣内，形成节点斜杆。斜杆有 1.69 m、2.163 m、2.34 m、2.546 m 和 3.0m 长 5 种规格，分别适合于 1.2 m × 1.2 m、1.2m × 1.8m、1.5m × l.8m、1.8 m × 1.8 m 和 1.8 m × 2.4 m 五种框架平面。

（5）底座

底座是安装在立杆根部防止其下沉，并将上部荷载分散传递给地基的构件，有垫座、立杆可调座和立杆粗细可调座三种。

辅助构件有用于作业面及附壁拉结等的杆件，如用于作业面的小横杆、脚手板、斜道板、挡脚板、挑梁和架梯等；用于连接的，如立杆的连接销、直角销、连接撑等；用于其他用途的，如立杆托撑、立杆斜撑、横托撑和安全网支架等。

专用构件有支撑柱垫座、支撑柱转角座、支撑柱可调座、提升滑轮、悬挑架和爬升挑架等。

3. 门式钢管脚手架

门式钢管脚手架由门式框架、剪刀撑和水平梁架或脚手板构成基本单元，如图 3–2（a）所示。将基本单元连接起来即构成整片脚手架，如图 3–2（b）所示。

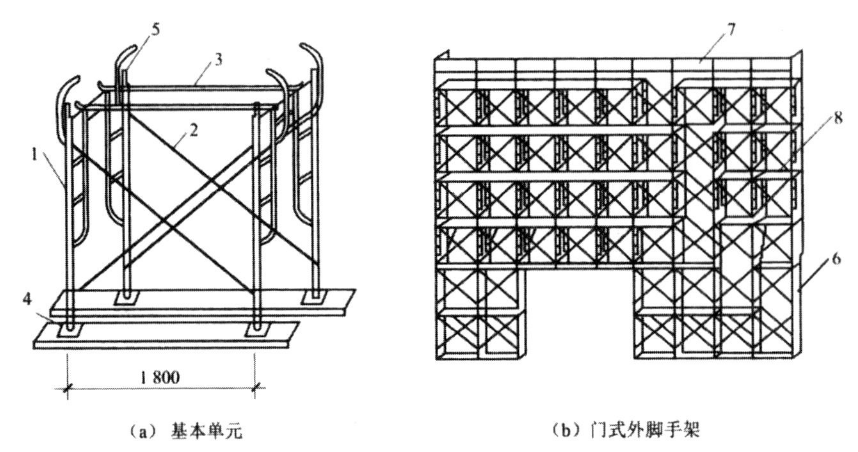

（a）基本单元　　（b）门式外脚手架

图 3–2　门式钢管脚手架

1—门式框架；2—剪刀撑；3—水平梁架；4—螺旋基脚；
5—连接器；6—梯子；7—栏杆；8—脚手板

门式钢管脚手架的主要部件之间的连接形式有制动片式和偏重片式。

（1）制动片式

门式钢管脚手架之间的连接是采用方便可靠的自锚结构，常用形式为制动片式，如图 3–3（a）所示。在挂扣的固定片上伽有主制动片和被制动片，安装前是脱开的，就位后将被制动片逆时针方向转动卡住横梁，主制动片自动落下将被制动片卡住，使脚手板或水平梁架自锚于门架上。

（2）偏重片式

如图 3–3（b）所示，偏重片用于门架与剪刀撑的连接。具体是在门架竖管上焊一段端头形式为ϕ 12 mm 圆钢，槽呈坡形，上口长 23 mm，下口长 20 mm，槽内设一偏重片（ϕ 10 mm 圆钢制成厚 2 mm，一端保持原直径），在其近端处开一椭圆形孔，安装时置于虚线位置，其端部斜面与槽内斜面相合，不会转动，而后装入剪刀撑，就位后将偏重片稍向外拉，自然旋转到实线位置，达到自锁。

门式钢管脚手架的搭设步骤为：铺放垫木（板）→拉线、放底座→自一端起立门架并随即装剪刀撑→装水平梁架（或脚手板）→装梯子→需要时，装设通长的纵向水平杆→装设连墙杆→按照上述步骤，逐层向上安装→装加强整体刚度的长剪刀撑→装设顶部栏杆。

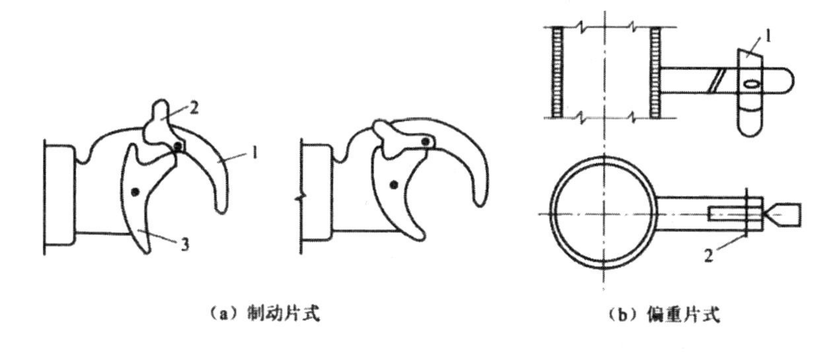

图 3–3　门式钢管脚手架的连接形式

1—固定片；2—主制动片；3—被制动片　　　　1—圆钢偏重片；2—铆钉

搭设门式钢管脚手架时，基座必须严格夯抄平，并铺可调底座，防止发生塌陷和不均匀沉降。首层门式脚手架垂直度偏差不大于 2 mm；水平度偏差不大于 5 mm。

门架的顶部和底部用纵向水平杆和扫地杆固定门架之间必须设置剪刀撑和水平梁板或脚手板其间连接应可靠，以确保脚手架的整体刚度匚作业需要临时拆除脚手架内侧剪刀撑时，应先在该层内侧上部加设纵向水平杆以后再拆除剪刀撑。

作业完毕后，立即将剪刀撑重新安装上，并将纵向水平杆移到下一作业层或上一作业层上。一整片作业架必须适量放置水平加固杆（纵向水平杆），前 3 层要每层设置，第 3 层以上则每隔 3 层设一道。在架子外侧设置长剪刀撑 348 mm 脚手架钢管，长 6 ~ 8 m，其高度及宽度为 3 ~ 4 个步距和柱距，与地面夹角为 45° ~ 60° ，相邻长剪刀撑之间相隔 3 ~ 5 个柱距，沿全高设置。使用连墙管或连墙器将脚手架与建筑结构紧密连接，连墙点的最大间距在垂直方向为 6 m，在水平方向为 8 m。高层脚手架应增加连墙点的布设密度。

拆除架子时应自上而下进行，部件拆除顺序与安装顺序相反。不允许将拆除的部件直接从高空掷下，应将拆下的部件分品种捆绑后，使用吊运设备将其运到地面保管。

（二）里脚手架

里脚手架常用于楼层上砌砖、内粉刷等工程施工。由于使用过程中不断转移施工地点，装拆较频繁，故其结构形式和尺寸应力求轻便灵活和装拆方便。

里脚手架的形式很多，按其构造分为折叠式里脚手架和支柱式里脚手架等。

1. 折叠式里脚手架

折叠式里脚手架为一种用角钢制成的里脚手架。其架设间距，砌墙时不超过 2 m，粉刷时不超过 2.5 m，可搭设两步，第一步为 1 m，第二步为 1.6 m，也可以用钢管或钢筋做成类似的折叠式里脚手架。

2. 支柱式里脚手架

支柱式里脚手架一般都用钢材制作，由支柱（或横杆）等组成。支柱所用的主要材料有钢管、角钢、钢筋等。

钢管支柱是由套管、支腿等部分焊成。这种脚手架由于配件多，支柱是 3 个腿的，运输、储存不便。故目前有所改进，改造成双联式的它是将一对钢管支柱用钢筋托架连在一起，横杆与插管连在一起，二支腿改成八字形。

角钢支柱是用 40 mm × 4 mm 的角钢立柱与八字形钢筋支腿所焊成，在角钢立柱内侧每隔 40 cm 焊上一块支承钢板，在一对角钢立柱间装上钢筋托架，托架两端的弯钩卡在支承钢板上。钢筋支柱的构造与角钢支柱相似，只是用两根并列的钢筋（直径 14 mm 以上）代替角钢。

支柱式里脚手架可搭成双排或单排，双排架支柱的纵向间距不大于 1.8 m，横向间距不大于 1.5m。单排架支柱离墙不大于 1.5 m，横杆搁入墙内长度应不小于 24 cm。

（三）其他几种脚手架简介

1. 木、竹脚手架

由于各种先进金属脚手架的迅速推广，使传统木、竹脚手架的应用有所减少，但在我国南方地区和广大乡镇地区仍时常采用木、竹脚手架。木、竹脚手架是由木杆和竹竿用铅丝、棕绳和竹篾绑扎而成的。木杆常用剥皮杉杆，缺乏杉杆时，也可采用其他坚韧质轻的木料。竹竿应用生长 3 年以上的毛竹。

2. 悬挑式脚手架

悬挑式脚手架是利用建筑结构边缘悬挑结构支撑外脚手架。其必须有足够的强度、稳定性和刚度，并能将脚手架的荷载全部或部分传递给建筑物。架体可以用扣件式钢管脚手架、碗扣式钢管脚手架和门式脚手架等搭设。一般为双排脚手架，架体高度可依据施工要求、结构承载力和塔吊的提升力（当采取塔吊分段整体提升时）确定，最高可搭设 12 步架，约 20 m 高，可同时进行 2 ~ 3 层作业。

悬挑式脚手架的形式有悬挂式挑梁、下撑式挑梁和桁架式挑梁三种。

3. 吊式脚手架

吊式脚手架的基本组成有吊架或吊篮、支撑设置、吊索及升降机。

（1）吊架或吊篮

吊架或吊篮的形式通常有桁架式工作台、框架钢管吊架、小型吊篮和组合吊篮。基本构件是巾 48 mm × 3.5 mm 钢管焊成的矩形框架，其搭设时以 3 ~ 4 棉为一组，按 2 ~ 3 m 间距排列，用扣件连接钢管大横杆和小横杆，铺设脚手板，装置栏格、安全网和护墙轮组成一组可上下同时操作的双层吊架。这种吊架在屋面上设置悬吊点，用钢丝绳吊挂框架。

（2）支撑设置

吊式脚手架的悬吊结构应根据工程结构情况和脚手架的用途而定。普遍采用的是在屋顶上设置挑梁或挑架；用于高大厂房内部施工时，可悬吊在屋架（其抵抗力矩可保证大于倾覆力矩的 3 倍，如果用电动机升降车时，其抵抗力矩可保证大于倾覆力矩的 4 倍）或大梁之下；也可专设构架来悬吊。

（3）升降方法

吊式脚手架升降时要注意以下事项：①具有足够的提升力，保证吊篮或吊架平稳地升降。②要有可靠的保险措施，确保作业安全。③提升设备要易于操作。④提升设备要便于拆装和运输。

4. 爬升式脚手架

爬升式脚手架也称附着式脚手架，是依靠附着在建筑物上的专用升降设备来实现升降的施工脚手架。其优点是不但可以附墙爬升，而且可以节约大量脚手架材料和人工费用。

爬升式脚手架的分类多种多样，按支撑形式分为悬挑式、吊拉式、导轨式和导座式等；按附着升降动力类型可分为电动、手扳葫芦和液压等方式；按升降方式可分为单片式、分段式和整体式；按控制方法可分为人工控制和自动控制；按爬升方式可分为套管式、挑梁式、互爬式和导轨式。

二、脚手架的安全措施

脚手架要有足够的强度、刚度和稳定性。对多立柱式外脚手架，施工均布荷载标准为：装饰脚手架为 1 kN/m^2；装修脚手架为 2 kN/m^2；结构脚手架为 3 kN/m^2。

若要超载使用，则应采取相应的措施并进行验算。

当外墙超过 4 m 或立体交叉作业时，必须设置安全网，以防材料下落伤人和人员坠落。安全网是用直径 9 mm 的麻绳、棕绳或尼龙绳编织而成的，一般规格为宽 3 m、长 6 m、网眼 50 mm 左右，每块支好的安全网应能承受不小于 1.6 kN 的冲击力。

安全网伸出墙面宽度应不小于 2m，外口要高于里口 500mm，两网搭接要扎接牢固，每隔一定距离用拉绳将斜杆与地面锚桩拉牢固。施工中要经常检查和维修脚手架。

当用里脚手架施工外墙时，要沿墙外架设安全网。多层、高层建筑用外脚手架时，亦要在脚手架外侧设置安全网，除了一道道随施工进度逐层上升的安全网外，还应在第二层和每隔 3 ~ 4 层加设固定的安全网高层建筑满搭外脚手架时，也可以外表面满挂安全网，在作业层下面应平挂安全网。

第二节　垂直运输设备

垂直运输设备是指担负垂直输送材料和施工人员上下的机械设备和设施。在砌筑施工过程中，各种材料（砖、砂浆）、工具（脚手架、脚手板）及各层楼板安装时，垂直运输量较大，都需要用垂直运输设备来完成。目前，砌筑工程中常用的垂直运输设备有塔式起重机、井字架、龙门架、独杆提升机、建筑施工电梯等。

一、垂直运输设备的种类

（一）塔式起重机

塔式起重机具有提升、回转、水平运输等功能，不仅是重要的吊装设备，而且也是重要的垂直运输设备，尤其在吊运长、大、重的物料时有明显的优势，故在可能条件下宜优先选用。

（二）井字架、龙门架

在垂直运输过程中，井字架的特点是稳定性好，运输量大，可以搭设较高的高度，是施工中最常用、最简便的垂直运输设备

除用型钢或钢管加工的定型井架外，还有用脚手架材料搭设而成的井架。井架多为单孔井架，但也可构成两孔或多孔井架。

龙门架由两立柱和天轮梁（横梁）构成。立柱由若干个格构柱用螺栓拼装而成，而格构柱是用角钢及钢管焊接而成或直接用厚壁钢管构成门架。龙门架设有滑轮、导轨、吊盘、安全装置，以及起重索、缆风绳等，其基本结构形式如图 3–4 所示。

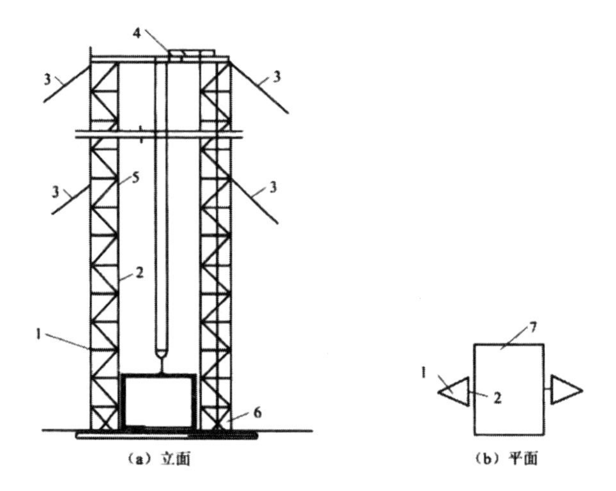

图 3–4　龙门架基本结构形式

1—立柱；2—导轨；3—揽风绳；4—天轮；5—吊盘停车安全装置；6—地轮；7—吊盘

（三）建筑施工电梯

目前，在高层建筑施工中常采用人货两用的建筑施工电梯，其吊笼装在井架外侧，沿齿条式轨道升降，附着在外墙或其他建筑物结构上，可载重货物 1.0 ~ 1.2 t，亦可容纳 12 ~ 15 人。其高度随着建筑物主体结构施工而接高，可达 100 m。该施工电梯特别适用于高层建筑，也可用于高大建筑、多层厂房和一般楼房施工中的垂直运输。

二、垂直运输设备的设置要求

垂直运输设备的设置一般应根据现场施工条件满足以下一些基本要求。

（一）覆盖面和供应面

塔吊的覆盖面是指以塔吊的起重幅度为半径的圆形吊运覆盖面积。垂直运输设备的供应面是指借助于水平运输手段（手推车等）所能达到的供应范围。建筑工程的全部供应面应处于垂直运输设备的覆盖面和供应面的范围之内。

（二）供应能力

塔吊的供应能力等于吊次乘以吊量（每次吊运材料的体积、重量或件数）；其他垂直运输设备的供应能力等于运次乘以运量，运次应取垂直运输设备和与其配合的水平运输机具中的低值。另外，还需乘以 0.5 ~ 0.75 的折减系数，以考虑由于难以避免的因素对供应能力的影响（如机械设备故障等）。垂直运输设备的供应能力应能满足高峰工作量的需求。

（三）提升高度

设备的提升高度能力应比实际需要的升运高度高，其高出程度不少于 3 m，以确保作业安全。

（四）水平运输手段

在考虑垂直运输设备时，必须同时考虑与其配合的水平运输手段。

（五）装设条件

垂直运输设备装设的位置应具有相适应的装设条件，如具有可靠的基础、与结构拉结和水平运输通道条件等。

（六）设备效能的发挥

必须同时考虑满足施工需要和充分发挥设备效能的问题。当各施工阶段的垂直运输量相差悬殊时，应分阶段设置和调整垂直运输设备，及时拆除已不需要的设备。

（七）设备拥有的条件和利用问题

充分利用现有设备，必要时添置或加工新的设备在添置或加工新的设备时应考虑今后利用的前景。

（八）安全保障

安全保障是使用垂直运输设备的首要问题，必须引起高度重视。所有垂直运输设备都要严格按有关规定操作使用。

第三节　砌筑工程

砌体可分为砖砌体，主要有墙和柱；砌块砌体，多用于定型设计的民用房屋及工业厂房的墙体；石材砌体，多用于带形基础、挡土墙及某些墙体结构；配筋砌体，为在砌体水平灰缝中配置钢筋网片或在砌体外部的预留槽沟内设置竖向粗钢筋的组合砌体。

一、砌体施工准备工作

（一）砌筑砂浆

1. 砂浆的种类

砌筑砂浆有水泥砂浆、石灰砂浆和混合砂浆水泥砂浆和混合砂浆可用于砌筑潮湿环境及强度要求较高的砌体，但对于湿土中的基础一般采用水泥砂浆。石灰砂浆宜用于砌筑干燥环境及强度要求不高的砌体，不宜用于潮湿环境的砌体及基础。

2. 砂浆材料的验收

砌筑砂浆使用的水泥品种及标号，应根据砌体部位和所处环境进行选择。不过期，不混用，进场使用前应分批对其强度、安定性进行复验；应用过筛洁净的中砂；采用熟化过的熟石灰，严禁用脱水硬化的石灰膏；砌筑用水应洁净；外加剂应经过检验和试配。

3. 砂浆强度

砂浆强度等级以标准养护（温度 20±5℃、正常湿度条件下的室内不通风处养护）龄期为 28 天的试块抗压强度为准，分为 M15、MIO、M7.5、M5、M2.5 共 5 个等级，各强度等级相应的抗压强度应符合表 3–1 的规定。

表 3-1 砌筑砂浆抗压强度

强度等级	龄期 28 天抗压强度 /MPa	
	各组平均值不小于	最小组平均值不小于
M15	15.0	11.25
M10	10.0	7.50
M7.5	7.5	5.63
M5	5.0	3.75
M2.5	2.5	1.88

4. 砂浆搅拌

砂浆应尽量采用机械搅拌，自投料完算起，搅拌时间应符合下列规定：水泥砂浆和水泥混合砂浆不得少于 2 min；粉煤灰砂浆和掺用外加剂的砂浆不得少于 3 min；掺用微沫剂的砂浆，应为 3 ~ 5 min。

5. 砂浆使用时间限制

砂浆应随拌随用，水泥砂浆和水泥混合砂浆应分别在 3 h 和 4 h 内使用完毕。当施工期间最高气温超过 30℃时，应分别在拌成后 2 h 和 3 h 内使用完毕。对掺有缓凝剂的砂浆，其使用时间可根据具体情况延长。如砂浆出现泌水现象应在砌筑前再次拌和。

（二）砌筑用砖

砌筑用砖有烧结普通砖、煤渣砖、烧结多孔砖、烧结空心砖、灰砂砖等。

1. 砖的检查

砖的品种、强度等级必须符合设计要求；有出厂合格证；使用前砖要送到实验室进行强度试验。

2. 浇水湿润

为避免干砖吸收砂浆中大量的水分而影响黏结力，使砂浆流动性降低、砌筑困难，影响砂浆的黏结力和强度，砖应提前 1 ~ 2 天浇水湿润，并应除去砖面上的粉末。烧结普通砖含水率宜为 10% ~ 15%，灰砂砖、粉煤灰砖含水率宜为 5% ~ 8%。浇水过多会产生砌体走样或滑动：检验时可将砖砍断，一般以水浸入砖四边（颜色较深）10 ~ 15 mm 为宜。

（三）其他准备工作

1. 定轴线和墙线位置

基础施工前，在建筑物主要轴线部位设置龙门板，标明基础轴线、底宽，墙身轴线及厚度，底层地面标高等。用准线和线坠将轴线及基础底宽放到基础垫层表面上。在楼层砌墙前，用经纬仪或线锤从下往上引测轴线。

2. 制作皮数杆

皮数杆用方木或角钢制作，其上画有每皮砖和砖缝厚度，以及竖向构造的变化部位。竖向构造包括基础皮数杆上有底层室内地面、防潮层、大放脚、洞口、管道、沟槽和预埋件等；墙身皮数杆上有楼面、门窗洞口、过梁、圈梁、楼板、梁及梁垫等。

二、石材砌体工程

天然石材具有抗压强度高，耐久性和耐磨性好，生产成本低等优点，常用于建筑物的基础、墙、勒脚、台阶、坡道、水池、花池、柱、拱、过梁，以及挡土墙等。

常用的砌筑石材有毛石和料石。毛石为不规则形状，但其中间厚度不小于 15 cm，至少有一个方向的长度不小于 30 cm，平毛石应有两个大致平行的面。料石的宽度和厚度均不宜小于 20 cm，长度不宜大于厚度的 4 倍，形状应大致呈六面体。

石材强度等级：MU100、MU80、MU60、MU50、MU40、MU30、MU20、MU15、MU10。

（一）毛石砌体

毛石砌体应采用铺浆法砌筑。砌筑要求可概括为平、稳、满、错。

平：毛石砌体宜分皮卧砌。

稳：单块石料的安砌要求自身稳定。

满：砂浆必须饱满，叠砌面的黏灰面积应大于 80%；砌体的灰缝厚度宜为 20 ~ 30 mm，石块间不得有相互接触现象。毛石块之间的较大空隙应先填塞砂浆，然后再嵌实碎石块。

错：毛石应上下错缝、内外搭砌。不得采用外面侧立毛石中间填心的砌筑方法；中间不得有铲口石（尖石倾斜向外的石块）、斧刃石（尖石向下的石块）和过桥石（仅在两端搭砌的石块）。

1. 毛石基础

毛石基础第一皮石块应坐浆，并将石块的大面向下。同时，毛石基础的转角处、交接处应用较大的平毛石砌筑。

毛石基础的断面形式有阶梯形和梯形，若做成阶梯形，上级阶梯的石块应至少压住下级阶梯的 1/2。相邻阶梯的毛石应相互错缝搭接。毛石基础必须设置拉结石。毛石基础同皮内每隔 2 m 左右设置一块。拉结石长度：如基础宽度小于或等于 400 mm，应与基础宽度相等；如基础宽度大于 400 mm，可用两块拉结石内外搭接，搭接长度不应小于 150 mm，且其中一块拉结石长度不应小于基础宽度的 2/3。

2. 毛石墙

砌筑毛石墙体的第一皮及转角处、交接处和洞口，应采用较大的平毛石。每个楼层的最上一皮，宜选用较大的毛石砌筑。毛石墙必须设置拉结石。每日砌筑高度不宜超过 1.2 m；转角处和交接处应同时砌筑。

（二）料石砌体

料石砌体应采用铺浆法砌筑，水平灰缝和竖向灰缝的砂浆饱满度应大于 80%o 料石砌体的砂浆铺设厚度应略高于规定的灰缝厚度，其高出厚度：细料石宜为 3 ~ 5 mm；粗料石、毛料石宜为 6 ~ 8 mm。砌体的灰缝厚度：细料石砌体不宜大于 5 mm；粗料石、毛料石砌体不宜大于 20 mm。

1. 料石基础

第一皮料石应坐浆丁砌，以上各层料石可按一顺一丁进行砌筑。阶梯形料石基础，上级阶梯料石至少压砌下级阶梯料石的 1/3。

2. 料石墙

料石墙体厚度等于一块料石宽度时，可采用全顺砌筑形式；料石墙体等于两块料石宽度时，可采用两顺一丁或丁顺组砌的形式。

在料石和毛石或砖的组合墙中，料石砌体、毛石砌体、砖砌体应同时砌筑，并每隔 2 ~ 3 皮料石层用“丁砌层”与毛石砌体或砖砌体拉结砌合。“丁砌层”的长度宜与组合墙厚度相同。

3. 料石平拱

平拱所用石料要加工成楔形，斜度按具体情况而定，拱两边石块在拱脚处坡度以 60° 为宜。平拱厚度与墙身相等，高度为墙身二皮料石块高。平拱的石块数应为单数。

砌平拱前应支设模板拱脚处斜面应经过修整，使其与拱的石块相吻合。砌筑时，应从两边对称地向中间砌，正中一块要挤紧。所用砂浆强度等级应不低于 M10，灰缝宽度控制在 5 mm 左右，砂浆预测强度达到 70% 以上，才能拆除模板。

4. 料石作过梁

用料石作过梁，无设计要求时，其厚度应为 200 ~ 450 mm，过梁宽度与墙厚相同。净跨度不宜大于 1.2 m，两端各伸入墙内长度不应小于 250 mm。过梁上续砌料石墙时，其正中一块料石长度应不小于过梁净跨度的 1/3，其两旁的料石长度应不小于过梁净跨度的 2/3。

（三）石挡土墙

石挡土墙可采用毛石或料石砌筑，毛石挡土墙应符合以下规定。

第一，每砌 3 ~ 4 皮为一个分层高度，每个分层高度应找平一次。

第二，外露面的灰缝厚度不得大于 40 mm，两个分层高度间分层处的错缝不得小于 80 mm。

料石挡土墙宜采用丁顺组砌的砌筑形式。当中间部分用毛石填砌时，丁砌料石伸入毛石部分的长度不应小于 200 mm。

当挡土墙的泄水孔无设计要求时，施工应符合以下规定。①泄水孔应均匀设置，在高度上间隔 2 m 左右设置一个泄水孔。②泄水孔与土体间铺设长宽各为 300 mm、厚 200 mm 的卵石或碎石作疏水层。

挡土墙内侧回填土须分层夯填，分层松土厚度应为 300 mm。墙顶土面应有适当坡度使水流向挡土墙外侧面。

（四）石砌体质量

石砌体质量分为合格和不合格两个等级，石砌体质量合格应符合以下规定。

1. 主控项目应全部符合规定

（1）石材及砂浆强度等级必须符合设计要求

抽检数量：同一产地的石材至少应抽检一组。砂浆试块抽检数量：每一检验批且不超过 250 砌体的各种类型及强度等级的砌筑砂浆，每台搅拌机应至少抽检一次。

检验方法：料石检查产品质量证明书，石材、砂浆检查试块试验报告。

（2）砂浆饱满度不应小于 80%

抽检数量：每步架抽查不应少于 1 处。

检验方法：观察检查。

2. 一般项目应有 80% 及以上的抽检处符合规定，或偏差值在允许偏差范围内抽检数量：外墙按楼层（或 4m 高以内）每 20 m 抽查 1 处，每处 3 延长米，但不应少于 3 处；内墙按有代表性的自然间抽查 10%，但不应少于 3 间，每间不应少于 2 处，柱子不少于 5 根。

3. 石砌体组砌形式应符合以下规定

（1）内外搭砌，上下错缝，拉结石、丁砌石交错设置。

（2）毛石墙拉结石每 0.7 m^2 墙面不应少于 1 块。

检查数量：外墙按楼层（或 4m 高以内）每 20m 抽查 1 处，每处 3 延长米，但不应少于 3 处；内墙按有代表性的自然间抽查 10%，但不应少于 3 间。

检验方法：观察检查。

三、砖砌筑工程

（一）砖基础的砌筑

砖基础砌筑在垫层之上，一般砌筑在混凝土砖基础的下部为大放脚、上部为基础墙，大放脚的宽度为半砖长的整数倍。混凝土垫层厚度一般为 100 mm，宽度每边比大放脚最下层宽 100 mm。

大放脚有等高式和间隔式。等高式大放脚是每砌两皮砖，两边各收进 1/4 砖长（60 min）；间隔式大放脚是每砌两皮砖及一皮砖，轮流两边各收进 1/4 砖长（60 mm）。特别要注意的是，等高式和间隔式大放脚（不包括基础下面的混凝土垫层）的共同特点是最下层都应为两皮砖砌筑。

砖基础大放脚一般采用一顺一丁砌筑形式，即一皮顺砖与一皮丁砖相间，上下皮垂直灰缝相互错开 1/4 砖长。

砖基础的转角处、交接处，为错缝需要应加砌配砖（3/4 砖、半砖或 1/4 砖）。

砖基础的水平灰缝厚度和垂直灰缝宽度宜为 10 mm. 水平灰缝的砂浆饱满度不得小于 80%。

砖基础的基底标高不相同时，应从低处开始砌筑，并应由低处向高处搭砌，当设计无要求时，搭砌长度不应小于砖基础大放脚的高度。

砖基础的转角处和交接处应同时砌筑，当不能同时砌筑时，应留置斜茬（踏步茬）。

基础墙的防潮层当设计无具体要求时，宜用 1 ∶ 2 水泥砂浆加适量防水剂铺设，其厚度宜为 20 mm。防潮层位置宜在室内地面标高以下一皮砖（–60 mm）处。砖基础砌筑完成后应该有一定的养护时间，再进行回填土方。回填时，砖基础的两边应该同时对称回填，避免砖基础移位或倾覆。

（二）砖墙砌筑

砖墙根据其厚度不同，可采用全顺（120 mm）、两平一侧（180 mm 或 300 mm）、全丁、一顺一丁、梅花丁或三顺一丁的砌筑形式。

全顺：各皮砖均顺砌，上下皮垂直灰缝相互错开半砖长（120 mm），适合砌半砖厚（115 mm）墙。

两平一侧：两皮顺（或丁）砖与一皮侧砖相间，上下皮垂直灰缝相互错开 1/4 砖长（60 mm）以上，适合砌 3/4 砖厚（180 mm 或 300 mm）墙。

全丁：各皮砖均采用丁砌，上下皮垂直灰缝相互错开 1/4 砖长，适合砌一砖厚（240 mm）墙。

一顺一丁：一皮顺砖与一皮丁砖相间，上下皮垂直灰缝相互错开 1/4 砖长，适合砌一砖及一砖以上厚墙。

梅花丁：同皮中顺砖与丁砖相间，丁砖的上下均为顺砖，并位于顺砖中间，上下皮垂直灰缝相互错开 1/4 砖长，适合砌一砖厚墙。

三顺一丁：三皮顺砖与一皮丁砖相间，顺砖与顺砖上下皮垂直灰缝相互错开 1/2 砖长；顺砖与丁砖上下皮垂直灰缝相互错开 1/4 砖长。适合砌一砖及一砖以上厚墙。

一砖厚承重墙的每层墙的最上一皮砖、砖墙的阶台水平面上及挑出层，应采用整砖丁砌。

砖墙的转角处和交接处，根据错缝需要应该加砌配砖。

图 3–5 所示为一砖厚墙一顺一丁转角处分皮砌法，配砖为 3/4 砖（俗称七分头砖），位于墙外角。

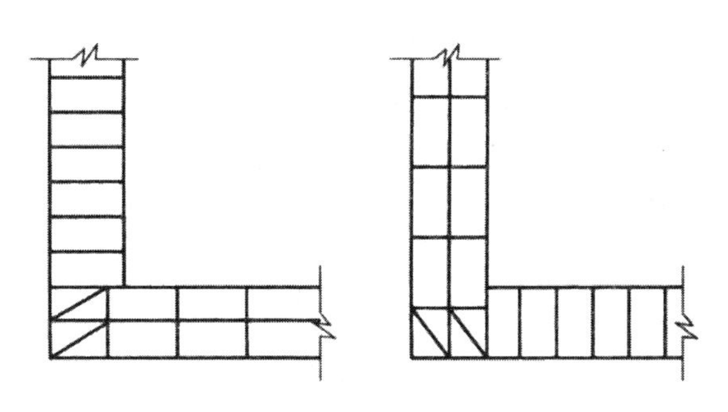

图 3–5　一顺一丁转角处分皮砌法

图 3–6 所示为一砖厚墙一顺一丁交接处分皮砌法，配砖为 3/4 砖，位于墙交接处外面，仅在丁砌层设置。

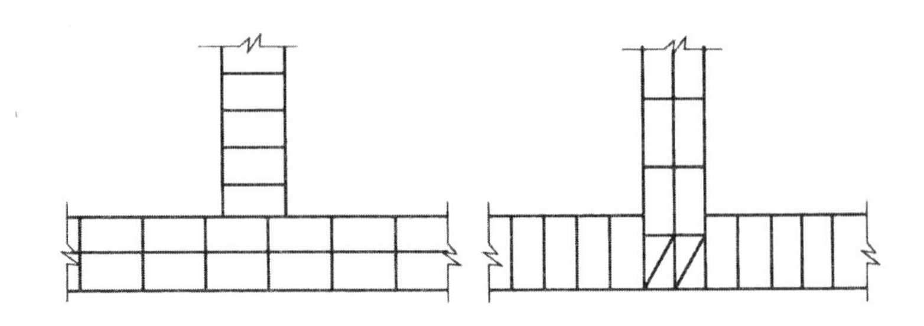

图 3–6　一顺一丁交接处分皮砌法

砖墙的水平灰缝厚度和垂直灰缝宽度宜为 10 mm，但不应小于 8 mm，也不应大于 12 mm。

砖墙的水平灰缝砂浆饱满度不得小于 80%；垂直灰缝宜采用挤浆或加浆方法，不得出现透明缝、瞎缝和假缝。

在墙上留置临时施工洞口，其侧边离交接处墙面不应小于 500 mm，洞口净宽度不应超过 1 m。临时施工洞口应做好补砌。

（三）砌筑工艺

砌体的施工过程一般为：抄平、弹线、摆砖、立皮数杆、挂线、铺灰、砌砖、勾缝（或划缝）、清扫墙面等工序。

1. 抄平

（1）首层墙体砌筑前的抄平

在基层表面墙 4 个大角位置及每隔 10 m 抹一灰饼，灰饼表面标高与设计标高一致。再按这些标高用 M7.5 防水砂浆或掺有防水剂的 C10 细石混凝土找平，此层既是防潮层也是找平层。

（2）楼层墙体砌筑前的抄平

砌筑楼层墙体前应检测外墙四角表面标高与设计标高的误差，根据误差来调整后续墙体的灰缝厚度。当墙体砌筑到 1.5m 左右，及时用水准仪对内墙进行抄平，并在墙体侧面，距楼、地面设计标高 500mm 位置上弹一四周封闭的水平墨线。

2. 弹线

（1）底层放线

根据龙门板上给定的轴线及图纸上标注的墙体尺寸，在基础顶面上用墨线弹出墙的轴线和墙的宽度线，并定出门窗洞口位置线。

（2）楼层放线

用经纬仪或垂球将底层控制轴线引测到各层墙表面，用钢尺校核后在墙表面弹出轴线和墙边线。最后，按设计图纸弹出门窗洞口的位置线。

3. 摆砖（铺底、搭底）

摆砖是指在放线的基面上按选定的组砌方式用干砖试摆。摆砖的目的是核对所放的墨线在门窗洞口、附墙垛等处是否符合砖的模数，以尽可能减少砍砖。要求山墙摆成丁砖，横墙摆成顺砖，又称“山丁檐跑”。

4. 立皮数杆

皮数杆能控制砌体的竖向尺寸并保证砌体垂直度，皮数杆立于房屋的四大角、墙的转角、内外墙交接处、楼梯间及墙面变化较多的部位。每隔10 ~ 15 m立一根，用水准仪校正标高；如墙很长，可每隔10 ~ 20 m再立一根。

5. 砌大角（头角、墙角）、挂线

一般先砌墙角，以便挂线，再砌墙身。

（1）砌大角

高度≤ 5皮，留踏步茬，依据皮数杆，勤吊勤靠。

（2）挂线（控制墙面平整垂直）

一般二四墙可采用单面挂线，三七墙及以上的墙应双面挂线。如墙体较长，中间应设支线点。

6. 铺灰、砌砖

铺灰、砌砖的操作方法因地而异，常用的有以下几种。

（1）铺灰挤砖法

先在墙面上铺一段砂浆，然后砌砖，平推平挤使灰缝饱满，效率较高。

（2）铲灰挤砖法

又称“三一”砌砖法，即一铲灰、一块砖和一揉压的砌筑方法。其优点是灰缝易饱满，黏结力好，墙面整洁，适应于实心砖砌筑。

7. 立门窗樘

立门窗樘分为先立口和后塞口两种。

8. 勾缝、清扫墙面

勾缝是清水砖墙的最后一道工序，勾缝使清水墙面美观、牢固。勾缝形式有平缝、凹缝、凸缝、斜缝。可用原浆勾缝，也可用 1 ： 1.5 的水泥砂（细砂）浆勾缝。勾缝的要求是横平竖直，深浅一致，搭接平整并压实抹光。

混水墙砌筑后只需用一 8 mm 厚扁铁将凸出墙面的砂浆刮出，令灰缝缩进墙面 10 mm 左右，以便装修即可。

（四）砖砌体的施工质量

烧结普通砖砌体的施工质量只有合格一个等级烧结普通砖砌体质量合格，主控项目应全部符合规定；一般项目应有 80% 及以上的抽检处符合规定，且偏差值最大在允许偏差值的 150% 以内。达不到这些规定，则施工质量为不合格。

1. 烧结普通砖砌体的主控项目

（1）砖和砂浆的强度等级必须符合设计要求

抽检数量：每一生产厂家的砖到现场后，按烧结普通砖 15 万块为一验收批，抽检数量为一组砂浆试块每一检验批且不超过 250 m^3 砌体的各种类型及强度等级的砌筑砂浆分别袖检，每台搅拌机应至少抽检一次。

检验方法：检查砖和砂浆试块试验报告

（2）砌体水平灰缝的砂浆饱满度不得小于 80%

抽检数量：每检验批抽查不应少于 5 处。

检验方法：用百格网检查掀起的砖底面与砂浆的黏结痕迹面积每处检测 3 块砖的黏结痕迹面积（格数）除以 100，取其平均值来测定砌体水平灰缝的砂浆饱满度。

（3）砖砌体的转角处和交接处应同时砌筑，严禁无可靠措施的内外墙分开砌筑施工。对不能同时砌筑而又必须留置的砌筑临时间断处应砌成斜茬（俗称踏步茬），斜茬水平投影长度按规定不应小于高度的 2/3。

抽检数量：每检验批抽检 20% 的接茬，且不应少于 5 处

检验方法：观察检查。

（4）对于非抗震设防及抗震设防的留茬

对于非抗震设防及抗震设防烈度为 6 度、7 度地区的砌筑临时间断处，当不能留斜茬时、除转角处外，可留成直茬，但直茬的形状必须做成阳茬。同时，应加设拉结钢筋，拉结钢筋的数量为每 120 mm 墙厚放置 1 ϕ 6 拉结钢筋，间距沿墙高不应超过 500 mm；埋入长度从留茬处算起每边均不应小于 500 mm；对抗震设防烈度 6 度、7 度地区的砖混结构砌体，拉结钢筋长度从留茬处算起每边均不应小于 1000 mm；末端应有 90° 弯钩，建议长度 60 mm。

抽检数量：每检验批抽 20% 接茬，且不应少于 5 处。检验方法：观察和尺量检查

合格标准：留茬正确，拉结钢筋设置数量、直径正确，竖向间距偏差不超过 100 mm，留置长度基本符合规定。

2. 烧结普通砖砌体的一般项目

（1）砖砌体组砌方法应正确，上下错缝，内外搭砌，砖柱不得采用包心砌法。

抽检数量：外墙每 20 m 抽查一处，每处 3 ~ 5 m，且不应少于 3 处；内墙按有代表性的自然间抽查 10%，且不应少于 3 间。

检验方法：观察检查。

合格标准：除符合本条要求外，清水墙、窗间墙无通缝；混水墙中长度大于或等于 300 mm 的通缝每间不超过 3 处，且不得位于同一面墙体上。

（2）砖砌体的灰缝应横平竖直，厚薄均匀。水平灰缝厚度宜为 10 mm，但不应小于 8 mm，也不应大于 12 mm。

抽检数量：每步脚手架施工的砌体，每 20 m 抽查 1 处。

检验方法：用尺量 10 皮砖砌体高度折算。

四、配筋砌体

配筋砌体是由配置钢筋的砌体作为建筑物主要受力构件的结构。配筋砌体有网状配筋砌体柱、水平配筋砌体墙、砖砌体与钢筋混凝土面层或钢筋砂浆面层组合砌体柱（墙）、砖砌体与钢筋混凝土构造柱组合墙和配筋砌块砌体剪力墙。

（一）网状配筋砖砌体

1. 网状配筋砖砌体构造

网状配筋砖砌体有配筋砖柱、砖墙，即在烧结普通砖砌体的水平灰缝中配置钢筋网。网状配筋砖砌体所用烧结普通砖强度等级不应低于 MU10，砂浆强度等级不应低于 M7.5。

钢筋网可采用方格网或连弯网。方格网的钢筋直径宜采用 3 ~ 4 mm；连弯网的钢筋直径不应大于 8 mm。钢筋网中钢筋的间距不应大于 120 mm，并不应小于 30 mm。

钢筋网在砖砌体中的竖向间距，不应大于五皮砖高，并不应大于 400 mm。当采用连弯网时，网的钢筋方向应互相垂直，沿砖砌体高度交错设置，钢筋网的竖向间距取同一方向网的间距。

设置钢筋网的水平灰缝厚度，应保证钢筋上、下至少各有 2 mm 厚的砂浆层。

2. 网状配筋砖砌体施工

钢筋网应按设计规定制作成型。砖砌体部分按常规方法砌筑，在配置钢筋网的水平灰缝中，应先铺一半厚的砂浆层，放入钢筋网后再铺一半厚砂浆层，使钢筋网居于砂浆层厚度中间。钢筋网四周应有砂浆保护层。

配置钢筋网的水平灰缝厚度：当用方格网时，水平灰缝厚度为 2 倍钢筋直径加 4 mm；当用连弯网时，水平灰缝厚度为钢筋直径加 4 mm，确保钢筋上、下各有 2mm 厚的砂浆保护层。

网状配筋砖砌体外表面宜用 1 ： 1 水泥砂浆勾缝或进行抹灰。

（二）面层和砖组合砌体

1. 面层和砖组合砌体构造

面层和砖组合砌体有组合砖柱、组合砖垛、组合砖墙。

面层和砖组合砌体由烧结普通砖砌体、混凝土或砂浆面层及钢筋等组成。

烧结普通砖砌体所用砌筑砂浆强度等级不得低于 M7.5，砖的强度等级不宜低于 MU10。混凝土面层所用混凝土强度等级宜采用 C20。混凝土面层厚度应大于 45 mm。

砂浆面层所用水泥砂浆强度等级不得低于 M7.5，砂浆面层厚度为 30 ~ 45 mm。

竖向受力钢筋宜采用 HPB235 级钢筋，对于混凝土面层，亦可采用 HRB335 级钢筋。受力钢筋的直径不应小于 8 mm 钢筋的净间距不应小于 30 mm。受拉钢筋的配筋率不应小于 0.1%。受压钢筋一侧的配筋率，对砂浆面层不宜小于 0.1%，对混凝土面层不宜小于 0.2%。

箍筋的直径不宜小于 4 mm 及 0.2 倍的受压钢筋直径，并不宜大于 6 mm。箍筋的间距不应大于 20 倍受压钢筋的直径及 500 mm，并不应小于 120 mm。

当组合砖砌体一侧受力钢筋多于 4 根时，应设置附加箍筋或拉结钢筋。

对于组合砖墙，应采用穿通墙体的拉结钢筋作为箍筋，同时设置水平分布钢筋。水平分布钢筋竖向间距及拉结钢筋的水平间距，均不应大于 500 mm.

受力钢筋的保护层厚度，不应小于表 3–2 中的规定。受力钢筋距砖砌体表面的距离，不应小于 5 mm。

表 3–2 保护层厚度

组合砖砌体	保护层厚度 /mm	
	室内正常环境	露天或室内潮湿环境
组合砖墙	15	25
组合砖柱、砖垛	25	35

注：当面层为水泥砂浆时，对于组合砖柱，保护层厚度可减小 5mm。

2. 面层和砖组合砌体施工

组合砖砌体应按以下顺序施工。

第一，砌筑砖砌体。同时按照箍筋或拉结钢筋的竖向间距，在水平灰缝中铺置箍筋或拉结钢筋。

第二，绑扎钢筋。将纵向受力钢筋与箍筋绑牢，在组合砖墙中，将纵向受力钢筋与拉结钢筋绑牢，将水平分布钢筋与纵向受力钢筋绑牢。

第三，在面层部分的外围分段支设模板，每段支模高度宜在 500 mm 以内，浇水润湿模板及砖砌体面，分层浇灌混凝土或砂浆，并用振捣棒捣实。

第四，待面层混凝土或砂浆的强度达到其设计强度的 30% 以上，方可拆除模板。如有缺陷应及时修整。

（三）构造柱和砖组合砌体

1. 构造柱和砖组合砌体构造

构造柱和砖组合墙由钢筋混凝土构造柱、烧结普通砖墙和拉结钢筋等组成。

钢筋混凝土构造柱的截面尺寸不宜小于 240 mm × 240 mm，其厚度不应小于墙厚，边柱、角柱的截面宽度宜适当加大。构造柱内竖向受力钢筋，对于中柱不宜少于 4 ϕ 12；对于边柱、角柱，不宜少于 4 ϕ 14。构造柱的竖向受力钢筋的直径也不宜大于 16mm。其箍筋一般部位宜采用 ϕ 6、间距 200 mm，楼层上下 500 mm 范围内宜采用 ϕ 6、间距 100 mm。构造柱的竖向受力钢筋应在基础梁和楼层圈梁中锚固，并应符合受拉钢筋的锚固要求。构造柱的混凝土强度等级不宜低于 C20。烧结普通砖墙所用砖的强度等级不应低于 MU10，砌筑砂浆的强度等级不应低于 M5。砖墙与构造柱的连接处应砌成马牙槎，每一个马牙槎的高度不宜超过 300 mm，并应沿墙高每隔 500 mm 设置 2 ϕ 6 拉结钢筋，拉结钢筋每边伸入墙内不宜小于 600 mm。

构造柱和砖组合墙的房屋，应在纵横墙交接处、墙端部和较大洞口的洞边设置构造柱，其间距不宜大于 4 m。各层洞口宜设置在对应位置，并宜上下对齐。

构造柱和砖组合墙的房屋应在基础顶面、有组合墙的楼层处设置现浇钢筋混凝土圈梁。圈梁的截面高度不宜小于 240 mm。

2. 构造柱和砖组合砌体施工

构造柱和砖组合墙的施工程序应为先砌墙后浇混凝土构造柱。构造柱施工程序为绑扎钢筋、砌砖墙、支模板、浇混凝土、拆模。

构造柱的模板可用木模板或组合钢模板。在每层砖墙及其马牙槎砌好后，应立即支设模板，模板必须与所在墙的两侧严密贴紧，支撑牢靠，防止模板缝漏浆。

构造柱的底部（圈梁面上）应留出 2 皮砖高的孔洞，以便清除模板内的杂物，清除后封闭。

构造柱浇灌混凝土前，必须将马牙槎部位和模板浇水湿润，将模板内的落地灰、砖渣等杂物清理干净，并在结合面处注入适量与构造柱混凝土相同的去石水泥砂浆。

构造柱的混凝土坍落度宜为 50 ~ 70 mm，石子粒径不宜大于 20 mm。混凝土随拌随用，拌和好的混凝土应在 1.5h 内浇灌完。

构造柱的混凝土浇灌可以分段进行，每段高度不宜大于 2mo 在施工条件较好并能确保混凝土浇灌密实时，亦可每层浇灌一次。

捣实构造柱混凝土时，宜用插入式混凝土振动器，应分层振捣，振捣棒随振随拔，每次振捣层的厚度不应超过振捣棒长度的 1.25 倍振捣棒应避免直接碰触砖墙，严禁通过砖墙传振。钢筋的混凝土保护层厚度宜为 20 ~ 30 mm

构造柱与砖墙连接的马牙槎内的混凝土必须密实饱满。

构造柱从基础到顶层必须垂直，对准轴线。在逐层安装模板前，必须根据构造柱轴线随时校正竖向钢筋的位置和垂直度。

五、砌块砌筑

用砌块代替烧结普通砖作墙体材料，是墙体改革的一个重要途径。近几年来，中小型砌块在我国得到了广泛的应用常用的砌块有混凝土小型空心砌块、加气混凝土砌块、粉煤灰砌块。砌块的规格不统一，中型砌块一般高度为 380 ~ 940 mm，长度为高度的 1.5 ~ 2.5 倍，厚度为 180 ~ 300 mm，每块砌块重量为 50 ~ 200 kg。

（一）混凝土小型空心砌块

1. 普通混凝土小型空心砌块

普通混凝土小型空心砌块以水泥、砂、碎石或卵石、水等预制而成。

普通混凝土小型空心砌块主规格尺寸为 390 mm × 190 mm × 190 mm，有两个方形孔，最小外壁厚应不小于 30 mm，最小肋厚应不小于 25 mm，空心率应不小于 25%。

普通混凝土小型空心砌块按其强度分为 MU3.5、MU5、MU7.5、MU10、MU15、MU20 共 6 个强度等级。

2. 轻骨料混凝土小型空心砌块

轻骨料混凝土小型空心砌块以水泥、轻骨料、砂、水等预制而成。

轻骨料混凝土小型空心砌块主规格尺寸为 390 mm × 190 mm × 190 mm。按其孔的排数有单排孔、双排孔、三排孔和四排孔 4 类。

轻骨料混凝土小型空心砌块按其密度（kg/m^3）分为 500、600、700、800、900、1000、1 200、1400 共 8 个密度等级。

轻骨料混凝土小型空心砌块按其强度分为 MUl.5、MU2.5、MU3.5、MU5、MU7.5、MU10 共 6 个强度等级。

3. 一般构造要求

混凝土小型空心砌块砌体所用的材料，除满足强度计算要求外，还应符合以下要求。

第一，对室内地面以下的砌体，应采用普通混凝土小砌块和不低于 M5 的水泥砂浆。

第二，5 层及 5 层以上民用建筑的底层墙体，应采用不低于 MU5 的混凝土小砌块和 M5 的砌筑砂浆。

第三，在墙体的以下部位，应用 C20 混凝土灌实砌块的孔洞。①底层室内地面以下或防潮层以下的砌体。②圈梁的楼板支承面下的一皮砌块。③没有设置混凝土垫块的屋架、梁等构件支承面下，高度不应小于 600 mm，长度不应小于 600 mm 的砌体。④梁支承面下，距墙中心线每边不应小于 300 mm，高度不应小于 600 mm 的砌体。

砌块墙与后砌隔墙交接处，应沿墙高每隔 400 mm 在水平灰缝内设置不少于 2 妇、横筋间距不大于 200 mm 的焊接钢筋网片，钢筋网片伸入后砌隔墙内不应小于 600 mm。

（二）加气混凝土砌块

加气混凝土砌块是以水泥、矿渣、砂、石灰等为主要原料，加入发气剂，经搅拌成型、蒸压养护而成的实心砌块。

加气混凝土砌块按其抗压强度分为 Al、A2、A2.5、A3.5、A5、A7.5、A10 共 7 个强度等级。

加气混凝土砌块按其密度分为 B03、B04、B05、B06、B07、B08 共 6 个密度级别。

1. 加气混凝土砌块物体构造

加气混凝土砌块可砌成单层墙或双层墙。单层墙是将加气混凝土砌块立砌，墙厚为砌块的宽度。双层墙是将加气混凝土砌块立砌两层，中间夹以空气层，两层砌块间每隔 500 mm 墙高在水平灰缝中放置 ϕ 4 ~ ϕ 6 mm 的钢筋扒钉，扒钉间距为 600 mm，空气层厚度 70 ~ 80 mm。

承重加气混凝土砌块墙的外墙转角处和墙体交接处，均应沿墙高 1 m 左右，在水平灰缝中放置拉结钢筋，拉结钢筋为 3 ϕ 6，钢筋伸入墙内不少于 1000 mm。

非承重加气混凝土砌块墙的转角处和与承重墙交接处，均应沿墙高 Im 左右，在水平灰缝中放置拉结钢筋，拉结钢筋为 2 ϕ 6，钢筋伸入墙内不少于 700 mm。

加气混凝土砌块外墙的窗口下一皮砌块下的水平灰缝中应设置拉结钢筋，拉结钢筋为 3 ϕ 6，钢筋伸过窗口侧边应不小于 500 mm。

2. 加气混凝土砌块砌体施工

承重加气混凝土砌块砌体所用砌块强度等级应不低于 A7.5，砂浆强度不低于 M5。

加气混凝土砌块砌筑前，应根据建筑物的平面、立面图绘制砌块排列图。

在墙体转角处设置皮数杆，皮数杆上画出砌块皮数及砌块高度，并在相对砌块上边线间拉准线，依准线砌筑。加气混凝土砌块的砌筑面上应适量洒水。砌筑加气混凝土砌块宜采用专用工具（铺灰铲、锯、钻、镂、平直架等）。

加气混凝土砌块墙的上、下皮砌块的竖向灰缝应相互错开，长度宜为300 mm，并不小于150 mm。如不能满足时，应在水平灰缝设置2 ϕ 6的拉结钢筋或ϕ 4钢筋网片，拉结钢筋或钢筋网片的长度应不小于700 mm。

加气混凝土砌块墙的灰缝应横平竖直，砂浆饱满。水平灰缝砂浆饱满度不应小于90%；竖向灰缝砂浆饱满度不应小于80% 水平灰缝厚度宜为15 mm；竖向灰缝宽度宜为20 mm。

（三）粉煤灰砌块

1. 粉煤灰砌块构造

粉煤灰砌块是以粉煤灰、石灰、石膏和轻集料为原料，加水搅拌、振动成型、蒸汽养护而成的密实砌块。

粉煤灰砌块的主规格外形尺寸为880 mm × 380 mm × 240 mm、880 mm × 430 mm × 240 mm。砌块端面应加灌浆槽，坐浆面宜设抗剪槽。

粉煤灰砌块按其立方体试件的抗压强度分为MU10和MU13两个强度等级。

粉煤灰砌块按其尺寸允许偏差、外观质量和干缩性能分为一等品和合格品。

2. 粉煤灰砌块施工

粉煤灰砌块适用于砌筑粉煤灰砌块墙，墙厚为240 mm，所用砌筑砂浆强度等级应不低于M2.5。

粉煤灰砌块墙砌筑前，应按设计图绘制砌块排列图，并在墙体转角处设置皮数杆。粉煤灰砌块的砌筑面适量浇水。

粉煤灰砌块的砌筑方法可采用“铺灰灌浆法”。先在墙顶上摊铺砂浆，然后将砌块按砌筑位置摆放到砂浆层上，并与前一块砌块靠拢，留出不大于20 mm的空隙。待砌完一皮砌块后，在空隙两旁装上夹板或塞上泡沫塑料条，在砌块的灌浆槽内灌砂浆，直至灌满。等到砂浆开始硬化不流淌时，即可卸掉夹板或取出泡沫塑料条。

粉煤灰砌块上、下皮的垂直灰缝应相互错开，错开图 3-36 粉煤灰砌块砌筑长度应不小于砌块长度的 1/3。

粉煤灰砌块墙的灰缝应横平竖直，砂浆饱满。水平灰缝的砂浆饱满度不应小于 90%；竖向灰缝的砂浆饱满度不应小于 80%。水平灰缝厚度不得大于 15 mm；竖向灰缝宽度不得大于 20 mm。

粉煤灰砌块墙的转角处，应使纵横墙砌块相互搭砌，隔皮砌块露端面，露端面应锯平灌浆槽。粉煤灰砌块墙的 T 字交接处应使横墙砌块隔皮露端面，并坐中于纵墙砌块，露端面应锯平灌浆槽。

粉煤灰砌块墙砌到接近上层楼板底时，因最上一皮不能灌浆，可改用烧结普通砖或煤渣砖斜砌挤紧。

砌筑粉煤灰砌块外墙时，不得留脚手眼。每一楼层内的砌块墙应连续砌完，尽量不留接茬。如必须留茬时应留成斜茬，或者在门窗洞口侧边间断。

六、框架填充墙施工与质量要求

（一）轻质砌块填充墙施工

框架填充墙施工是先结构、后填充，施工时不得改变框架结构的传力路线。填充墙主要是高层建筑框架及框剪结构或钢结构中用于维护或分隔区间的墙体，大多采用小型空心砌块、烧结实心砖、空心砖、轻骨料小型砌块、加气混凝土砌块和其他工业废料掺水泥加工而成的砌块等，要求有一定的强度、轻质、隔声、隔热等效果。填充墙的施工除应满足一般砖砌体和各类砌块的相应技术、质量、工艺标准外，主要应注意以下方面的问题。

1. 与结构的连接问题

与结构的连接分为墙顶部和两端头与结构件的连接。

（1）墙两端与结构件的连接

砌体与混凝土柱或剪力墙的连接，一般采用构件上预埋铁件加焊拉结钢筋或植墙拉筋的方法。预埋铁件一般采用厚 4 mm 以上，宽略小于墙厚，高 60 mm 的钢板做成。在混凝土构件施工时，按设计要求的位置，准确固定在构件中，砌墙时按确定好的砌体水平灰缝高度位置准确焊好拉结钢筋。此种方法的缺点是混凝土浇筑施工时，铁件移位或遗漏给下步施工带来麻烦，如遇到设计变更则需重新处理。为了施工方便，目前许多工程采用植筋的方式，效果较好。

（2）墙顶与结构件底部的连接

为保证墙体的整体稳定性，填充墙顶部应采取相应的措施与结构挤紧。通常采用在墙顶加小木楔，砌筑“滚砖”（实心砖）或在梁底做预埋铁件等方式与填充墙连接。无论采用哪种连接方式，都应分两次完成一片墙体的施工，其中时间间隔为 5 ~ 7 天。这是为了让砌体砂浆有一个完成压缩变形的时间，保证墙顶与结构件连接的效果。

（3）施工注意事项

填充墙施工最好从顶层向下层砌筑，防止因结构变形量向下传递而造成早期下层先砌筑的墙体产生裂缝。特别是空心砌块，此裂缝的发生往往是在工程主体完成 3 ~ 5 个月后，通过墙面抹灰在跨中产生竖向裂缝得以暴露。从而因为质量问题的滞后性给后期处理带来困难。

如果工期太紧，填充墙施工必须由底层逐步向顶层进行时，则墙顶的连接处理需待全部砌体完成后，从上层向下层施工，此目的是给每一层结构一个完成变形的时间和空间。

2. 与门窗的连接问题

由于空心砌块与门窗框直接连接不易达到要求，特别是门窗较大时，施工中通常采用在洞口两侧做混凝土构造柱，预埋混凝土预制块及镶砖的方法。空心砌块在窗台顶面应做成混凝土压顶，以保证门窗框与砌体的可靠连接。

3. 防潮、防水问题

空心砌块用于外墙面涉及防水问题，在雨季墙的迎风迎雨面，在风雨作用下易产生渗漏现象，主要发生在灰缝处。因此，在砌筑中应注意灰缝饱满密实，其竖缝应灌砂浆插捣密实，外墙面的装饰层采取适当的防水措施，如在抹灰层中加 3%～5% 的防水粉，面砖勾缝或表面刷防水剂等，确保外墙的防水效果。目前，市场上有多种防水砂浆材料，其工艺特点是靠砂浆材料自身在养护条件下产生较好的防水效果，以满足外墙防水要求，特别是对高孔隙率的墙体材料。

用于室内隔墙时，砌体下应用实心混凝土块或实心砖砌 180 mm 高的底座，也可采用混凝土现浇。

4. 单片面积较大的填充墙施工问题

大空间的框架结构填充墙应在墙体中根据墙体长度、高度需要设置构造柱和水平现浇混凝土带，以提高砌体的稳定性。当大面积的墙体有转角时，可以在转角处设芯柱。施工中注意预埋构造柱钢筋的位置应正确。

由于不同的块料填充墙做法各异，因此要求也不尽相同。实际施工时，应参照相应设计要求及施工质量验收规范，以及各地颁布实施的标准图集、施工工艺标准等。

（二）加气混凝土小型砌块填充墙施工

1. 工艺流程

检验墙体轴线及门窗洞口位置→楼面找平→立皮数杆→凿出拉结筋→选砌块、摆砌块→摆底→按单元砌外墙→砌内墙→砌二步架外墙→砌内墙（砌筑过程中留茬、下拉结网片、安装混凝土过梁）→勾缝或斜砖砌筑与框架顶紧→检查验收。

2. 加气混凝土小型砌块填充墙施工要点

第一，砌筑前应弹好墙身位置线及门口位置线，在楼板上弹上墙体主边线。

第二，砌筑前一天应在预砌墙与原结构相接处洒水湿润以确保砌体黏结。

第三，将砌筑墙部位的楼地面，剔除高出底面的凝结灰浆，并清扫干净。

第四，砌筑前按实际尺寸和砌块规格尺寸进行排列摆块，不够整块可以锯裁成需要的规格，但不得小于砌块长度的 1/3。最下一层砌块的灰缝大于 20 mm 时，应用细石混凝土找平铺砌。

第五，砌体灰缝应保持横平竖直，竖向灰缝和水平灰缝均应铺填饱满的砂浆。竖向垂直灰缝首先在砌筑的砌块端头铺满砂浆，然后将上墙的砌块挤压至要求的尺寸。灰浆饱满度：水平灰缝的黏结面不得小于 90%，竖向灰缝的黏结面不得小于 60%，严禁用水冲浆浇灌灰缝，也不得用石子垫灰缝。水平灰缝及竖向灰缝的厚度和宽度应控制在 80 ~ 120 mm。

第六，砌筑前设立皮数杆，皮数杆应立于房屋四角及内外墙交接处，间距以 10 ~ 15 m 为宜，砌块应按皮数杆拉线砌筑。

第七，砌筑砂浆必须用机械拌和均匀，随拌随用。砂浆稠度一般为 70 ~ 100 mm。

第八，砌筑时，铺浆长度以一块砌块长度为宜，铺浆要均匀，厚薄适当，浆面平整，铺浆后立即放置砌块，一次摆正找平，严禁采用水冲缝灌浆的方法使竖向灰缝砂浆饱满。

第九，纵横墙应整体咬茬砌筑，外墙转角处和纵墙交接处应严格控制分批、咬茬、交错搭砌临时间断应留置在门窗洞口处，或者砌成阶梯形斜茬，斜茬长度小于高度的 2/3。如留斜茬有困难时，也可留直茬，但必须设置拉结网片或采取其他措施，以保证有效连接接茬时，应先清理基面，浇水湿润，然后铺浆接砌，并做到灰缝饱满。因施工需要留置的临时洞口处，每隔 50 cm 应设置 2 ϕ 6 拉筋，拉筋两端分别伸入先砌筑墙体及后堵洞砌体各 700 mm。

第十，凡有穿过墙体的管道，严格防止渗水、漏水。

第十一，砌体与混凝土墙相接处，必须按照设计要求留置拉结筋或网片，且必须设置在砂浆中。设于框架结构中的砌体填充墙，沿墙高每隔 60 cm 应与柱预留的钢筋网片拉结，伸入墙内不小于 700 mm。铺砌时将拉结筋埋直、铺平。

第十二，墙顶与楼板或梁底应按设计要求进行拉结，每 60 cm 预留 1 巾 8 拉结筋伸入墙内 240 mm，用 C15 素混凝土填塞密实。

第十三，在门窗洞口两侧，将预制好埋有木砖或铁件的砌块，按洞口高度在 2m 以内每边砌筑 3 块，洞口高度大于 2 m 时砌 4 块。混凝土砌块四周的砂浆要饱满密实。

第十四，作为框架的填充墙，砌至最后一皮砖时，每砌完一层后，应校核检验墙体的轴线尺寸和标高，允许偏差可在楼面上予以纠正。砌筑一定面积的砌体以后，应随即用厚灰浆进行勾缝。一般情况下，每天砌筑高度不宜大于 1.8m。

第十五，砌好的砌体不能撬动、碰撞、松动，否则应重新砌筑。

3. 填充墙质量要求

填充墙的质量要求是不得改变框架结构的传力路线，准确设置拉结钢筋，满足抗震要求。砌体灰缝应横平竖直，全部灰缝均应铺填砂浆。

砂浆的强度等级应符合设计要求，砌筑砂浆必须搅拌均匀，随拌随用，并应在其技术性能规定的时间内（一般不大于 2.5 h）使用完毕，也可采用掺外加剂等措施延长使用时间，其掺量应经试验确定。砂浆稠度宜为 80 ~ 90 mm，分层度不大于 10 mm，水泥混合砂浆拌和物的密度不应小于 1 800 kg/m^3。砂浆的黏结性能一般以沿块体竖向抹灰后拿起转动 360。不掉砂浆为准。

第四节　砌体工程安全技术

在砌体工程中，全面的安全防护措施是工程顺利竣工的保障，应该引起广大施工技术人员的重视，在实际工程中，应做好以下安全防护措施。

1. 在操作之前必须检查操作环境是否符合安全要求，道路是否畅通，机具是否完好牢固，安全设施和防护用品是否齐全，经检查符合要求后方可施工。

2. 砌基础时，应经常检查和注意基坑土质变化情况，有无崩裂现象：堆放砌筑材料应离开坑边 lm 以上。当深基坑装设挡土板或支撑时，操作人员应设梯子上下，不得攀跳，不得使运料碰撞支撑，也不得踩踏砌体和支撑上下。

3. 墙身砌体高度超过地坪 1.2 m 以上时，应搭设脚手架。在一层以上或高度超过 4 m 时，采用里脚手架必须支搭安全网；采用外脚手架应设护身栏杆和挡脚板后方可砌筑。墙身临时施工洞口应该离开纵墙 500 mm 以上，预留孔洞宽度大于 300 mm 应设置钢筋混凝土过梁。

4. 脚手架上堆料量不得超过规定荷载，堆砖高度不得超过 3 皮侧砖，同一块脚手板上的操作人员不应超过 2 人。

5. 在楼层（特别是预制板面）施工时，堆放机具、砖块等物品不得超过使用荷载。如需超过使用荷载时，必须经过验算采取有效加固措施后，方可进行堆放及施工。

6. 不准站在墙顶上做画线、刮缝及清扫墙面或检查大角垂直等工作。

7. 不准用不稳固的工具或物体垫高脚手板面操作，更不准在未经过加固的情况下，在一层脚手架上随意再叠加一层。

8. 砍砖时应面向内打，防止碎砖跳出伤人。

9. 用于垂直运输的吊笼、滑车、绳索、刹车等，必须满足负荷要求，牢固无损；吊运时不得超载，并须经常检查，发现问题及时修理。

10. 用起重机吊砖要用砖笼；吊砂浆的料斗不能装得过满。吊杆回转范围内不得有人停留，吊件落到架子上时，砌筑人员要暂停操作，并避开一边。

11. 砖、石运输车辆两车前后距离平道上不小于 2 m，坡道上不小于 10 m；装砖时要先取高处后取低处，防止垛倒砸人。

12. 已砌好的山墙，应临时用联系杆（如擦条等）放置各跨山墙上，使其联系稳定，或者采取其他有效的加固措施。

13. 冬期施工时，脚手板上如有冰霜、积雪，应先清除后才能上架进行操作。

14. 如遇雨天及每天下班时，要做好防雨措施，以防雨水冲走砂浆，致使砌体倒塌。

15. 在同 – 垂直面内上下交叉作业时，必须设置安全隔板，下方操作人员必须佩戴安全帽。

16. 人工垂直往上或往下（深坑）转递砖石时，要搭递砖架子，架子的站人板宽度应不小于 60 cm。

17. 用锤打石时，应先检查铁锤有无破裂，锤柄是否牢固。打锤要按照石纹走向落锤，锤口要平，落锤要准，同时要看清附近情况有无危险，然后落锤，以免伤人。

18. 不准在墙顶或架上修改石材，以免震动墙体影响质量或石片掉下伤人。

19. 不准徒手移动上墙的料石，以免压破或擦伤手指。

20. 不准勉强在超过胸部以上的墙体上进行砌筑，以免将墙体碰撞倒塌或上石时失手掉下造成安全事故。

21. 石块不得往下掷。运石上下时，脚手板要钉装牢固，并钉防滑条及扶手栏杆。

22. 已经就位的砌块，必须立即进行竖缝灌浆；对稳定性较差的窗间墙、独立柱和挑出墙面较多的部位，应加临时稳定支撑，以保证其稳定性。

在台风季节，应及时进行圈梁施工，加盖楼板，或者采取其他稳定措施。

23. 在砌块砌体上，不宜拉锚缆风绳，不宜吊挂重物，也不宜作为其他施工临时设施、支撑的支承点，如果确实需要时，应采取有效的构造措施。

24. 大风、大雨、冰冻等异常天气之后，应检查砌体是否有垂直度的变化，是否产生了裂缝，是否有不均匀下沉等现象。

第四章　混凝土结构施工

混凝土工程在建筑工程施工中占主导地位，它对工程的人力、物力消耗和对工期均有很大的影响。混凝土工程按施工方法分为现浇混凝土工程和装配式混凝土工程；按有无施加预应力分为普通混凝土工程和预应力混凝土工程。

现浇混凝土工程是在施工现场，在结构构件的设计位置处架设模板，绑扎钢筋，浇灌混凝土，振捣成型，经过养护混凝土达到其拆模强度时，拆除模板，制成结构构件。现浇混凝土结构整体性好，抗震能力强，钢材消耗少；但现场施工的模板材料消耗多，劳动强度高，工期也相对较长，施工受气候条件影响大。

装配式混凝土工程是在预制构件厂或施工现场预先制作好结构构件，在施工现场用起重设备把预制构件安装到设计位置。装配式混凝土工程实现了建筑产品的工厂化、定型化、机械化生产，大量节约模板材料，且生产的构件质量较好，对桥梁的施工而言，可以减少对交通的影响。但装配式构件耗钢量大，而且施工一般需要较大型的起重设备。

混凝土结构工程由模板工程、钢筋工程和混凝土工程组成，在施工中 3 个工种应密切配合，统筹安排，合理组织施工，才能达到保证工程质量、加速施工和降低造价的目的。

第一节　模板工程

模板是使混凝土构件按设计的几何尺寸浇筑成型的模型。模板系统包括模板和支架（拱架）两部分模板不仅控制着结构尺寸的精度，直接影响施工进度和混凝土的浇筑质量，而且还关系施工安全。此外，模板工程量大，材料和劳动力消耗多，所以模板材料、型式的选择、构造的合理性，以及模板的设计、制作和安装，都直接影响混凝土构件的质量、成本和进度

一、模板的基本要求、分类和构造

（一）模板的基本要求

模板虽然是施工中的临时性结构，但对于构件的制作十分重要。因此，模板应符合以下要求。

第一，保证工程结构和构件各部分设计形状、尺寸和相互间位置正确。

第二，具有足够的强度、刚度和稳定性，能可靠地承受新浇混凝土的重量和侧压力，以及在施工中可能产生的各项荷载。

第三，尺寸准确，构造简单，便于制作、安装和拆卸。

第四，结构紧密不漏浆，靠近结构外露表面的模板应平整、光滑。

模板的结构还要便于钢筋的布置和混凝土浇筑，必要时应在适当位置安设活动挡板或窗口因此，对于重要结构的模板均应进行模板设计。支撑模板的支柱和其他构件，也应便于安装和拆卸，并能多次重复使用。

（二）模板的分类

模板按其所用的材料不同，分为木模板、钢模板和其他材料模板［胶合板模板、钢木（竹）组合模板、塑料模板、玻璃钢模板、铝合金模板等］。桥梁施工常用的模板有木模板、钢模板和钢木（竹）组合模板。塑料模板、玻璃钢模板、铝合金模板具有重量轻、刚度大、拼装方便、周转率高的特点，但由于造价较高，在施工中尚未普遍使用。

按施工方法，模板分为拆移式模板和活动式模板，拆移式模板由现场组装，拆模后稍加清理和修理再周转使用。常用的木模板、组合钢模板和大型的工具式定型模板，如台模板、隧道模板等属拆移式模板活动式模板是指按结构的形状制作成工具式模板，组装后随工程的进展而进行垂直或水平移动，

直至工程结束才拆除，如滑升模板、提升模板、爬升模板等。

就地浇筑桥梁的模板，常用木模板和钢模板。对预制安装构件，除钢模板、木模板外，也可以采用钢木组合模板、土模板、砖模板和钢筋混凝土模板等。桥梁墩台的模板类型有固定式模板、拼装式模板、组合钢模板、整体吊装模板和滑升模板等。模板型式的选择主要取决于同类桥跨结构的数量和模板材料的供应。

（三）模板的构造

1. 木模板

木模板的基本构造由紧贴混凝土表面的壳板（又称面板）、支承壳板的肋木和立柱或横挡组成。壳板可以竖直拼装或水平拼装。

壳板的接缝可做成平缝、搭接缝或企口缝。当采用平缝拼接时，应在拼缝处衬压塑料薄膜或水泥袋纸以防漏浆。为了增加木模板的周转次数并方便脱模，往往在壳板面上加钉一层薄铁皮。

为防止木模板在施工过程中变形，壳板不能过宽和过薄，厚度一般为 2 ~ 5 cm，宽 15 ~ 18 cm，不宜超过 20 cm。肋木、立柱或横挡的尺寸可根据经验或计算确定。肋木的间距一般为 0.7 ~ 1.5 m。

常用的 T 形梁分片装拆式木制模板结构如图 4–1 所示。相邻横隔板之间的模板形成一个柜箱，在柜箱内的横挡上，可安装附着式振捣器。梁体两侧的一对柜箱，用顶部横木和穿通梁肋的螺栓拉杆来固定，并借柱底的木楔进行装拆调整。

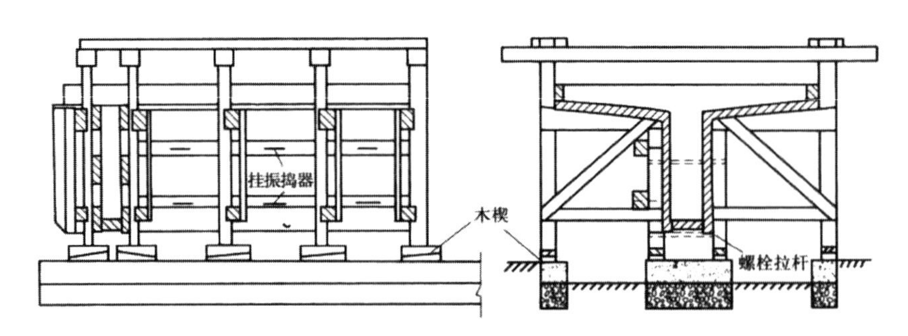

图 4–1　T 形梁分片装拆式木制模板结构

图 4–2 所示是常用于公路空心板梁的木制芯模构造。芯模是形成空心所必需的特殊模板。其结构型式直接关系到制作是否简便经济，装拆是否方便，周转率是否高的问题。为了便于搬运装拆，每根梁的模板分成两节。木壳板的侧面装设铁铰链，使壳板可以转动。芯模的骨架和活动撑板，每隔约 70 cm 一道。活动撑板下端的半边朝梁端一侧，用铁皎链与壳板连接。安装时借样头顶紧壳板纵面的上下斜缝，并在活动撑板上部设置 ϕ 20 mm 的拉杆。活动撑板将壳板撑实后，在模壳外用铅丝捆扎，以防散开或变形。拆模时只需用拉杆将活动撑板从顶部拉脱，并借铁铰链先脱左半模板，取出后再脱右半模板。

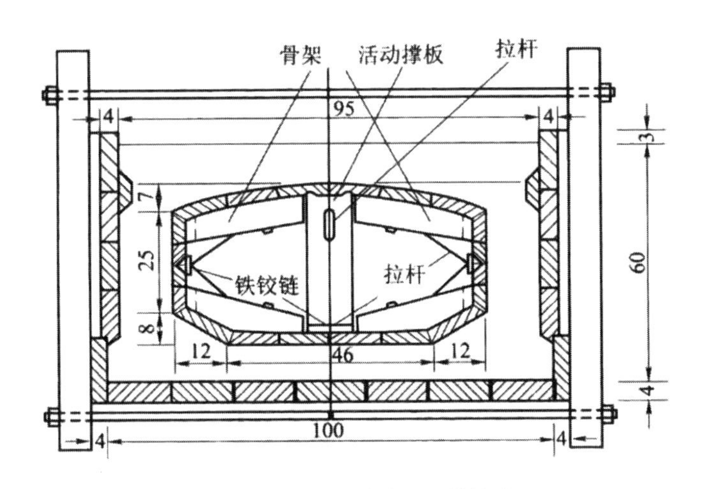

图 4–2　空心板梁的木制芯模构造

上述芯模亦可改用特制的充气橡胶管完成。在国外，还采用混凝土管、纸管等做成不抽拔的芯模。

2. 钢模板

桥梁用钢模板一般做成大型块件，长 3 ~ 8 m。图 4–3 所示为一种分片装拆式 T 梁钢模板的结构组成。侧模一般由厚度为 4 ~ 8 mm 的钢壳板、角钢做成的水平肋和竖向肋、支托竖向肋的直撑、斜撑、固定侧模用的顶横杆和底部拉杆，以及安装在壳板上的振捣架等构成。底模通常用 6 ~ 12 mm 的钢板制成，通过垫木支承在底部钢横梁上。在拼装钢模板时，所有紧贴混凝土的接缝内部，都用止浆垫使接缝密闭不漏浆。止浆垫一般采用柔软、耐用和弹性大的 5 ~ 8 mm 橡胶板或厚 10 mm 左右的泡沫塑料。

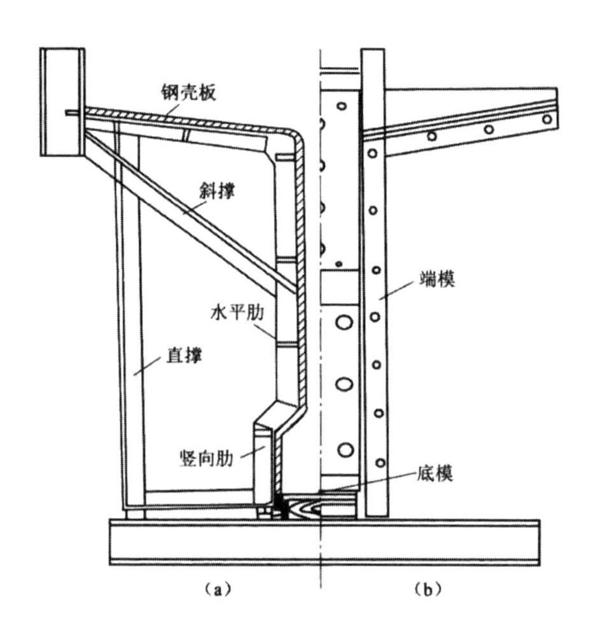

图 4–3　T 梁钢模板的结构组成

图 4–4 所示为一种箱形截面钢模板的结构组成。为便于内模脱模，内模在竖向分为上、下两部分，上、下部在横向又分成两半，中线处上、下部都用铰连接。上、下部在竖向连接处做成斜面，便于脱模。拆除内模时，将可伸缩撑杆缩短，上部两侧内模绕上部铰转动即行脱模，利用设在内模下部顶面轨道上的小车可将内模上部运出梁体外，然后，将可伸缩撑杆换装到内模下部两侧的连接角钢上，缩短可伸缩撑杆，使内模下部两侧绕下部铰转动即行脱模，再滑移运出梁体。

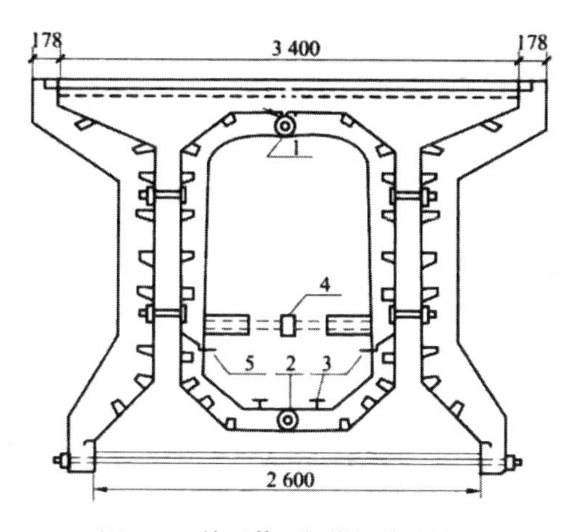

图 4–4　箱形截面钢模板的结构组成

1—上铰；2—下铰；3—轨道；4—可伸缩撑杆；5—接缝

如果将钢模板中的钢制壳板换成水平拼装的木壳板，用埋头螺栓连接在角钢竖肋上，在木壳板上再钉一层薄铁皮，这样就做成钢木组合模板。这种模板不仅节约木材，成本低，而且具有较大的刚度和紧密稳固性，也是一种较好的模板。

不管何种模板，为了避免壳板与混凝土粘连，以利脱模，通常均须在壳板面上涂上隔离剂，如专用脱模剂、石灰乳浆、肥皂水、润滑油或废机油等。

3. 固定式模板

固定式模板也称零拼模板，是采用预先在木工厂制备好的模板构件，在工地上就地安装形成的。

固定式模板由紧贴混凝土的面板（壳板）、支承面板的肋木、立柱、拉条（或钢箍）、铁件等组成。固定式模板安装时，先拼骨架，后钉壳板。具体做法是先将立柱安装在承台顶部的枕梁（底肋木）上，将肋木固定在立柱上，在立柱两端用拉条拉紧并加强连接（可临时加横撑和斜撑），形成骨架。若桥墩较高，应加设斜撑、横撑和抗风拉索等。

模板骨架拼成后，即可将面板钉在肋木上。为防止面板翘曲，每块面板宽度最好不超过 200 mm，厚度为 30 ~ 50 mm。在桥墩曲面处，应根据曲度采用较窄木板。圆锥形模板的面板则应做成梯形。与混凝土接触的面板，一般应刨光，拼缝应严密不漏浆，以前常用油灰、木条等嵌塞缝隙，或者用搭口缝、企口缝等。现在则多在模板表面铺塑料薄膜、钉胶合板或薄铁皮等。

肋木与面板垂直，其作用是把面板连成整体，并承受面板传来的荷载。肋木可为方木或两面削平的圆木。曲面面板的肋木做成弧形，它由2～3层交错重叠的弧形板用铁钉或螺栓连接而成。弧形肋木应根据准确的样板或在样台上按1 ∶ 1放线加工制作，形状复杂的更宜先制成模型套制。

拉杆采用ϕ 12～ϕ 20 mm的钢筋制成。在混凝土外露的表面，宜使用可拆卸的连接螺栓紧固拉杆。拆模后将表面上的孔穴用砂浆填实。

弧形肋木与水平肋木间除用铁钉或螺栓连接外，还应加设立柱和幅向拉条。圆形桥墩可在立柱外侧安装钢箍，以保证模板的形状和尺寸正确，钢箍常用ϕ 12～ϕ 22 mm钢筋制作。

固定式模板每平方米约用木料0.05～0.10 m^3，铁钉、拉条等铁件重4～10 kg。这种模板使用一次后，即被拆散或改制，只有一部分能够重复使用，很不经济，因此仅适用于个体工程，如墩台基础、拱座、帽石、翼墙和涵洞等。

4. 拼装式模板

拼装式模板又称盾状模板，是将墩台表面划分成若干尺寸相同的板块，按板块尺寸预先将模板制成板扇，然后用板扇拼成所要求的模板。拼装式模板适用于高大桥墩或同类型墩台较多时使用，其特点是当混凝土达到拆模强度后，可整块拆下，直接或略加修整后重复周转使用。

在划分板块时，应尽量使板扇尺寸相同，以减少板扇类型，板扇高度可与墩台分节灌筑的高度相同，为3～6 m，宽可为1～2 m，可依墩台尺寸与起吊条件而定，务必使立模方便、施工安全。单块板扇可用木材、钢材或钢木结合加工制作。木质板扇加工制作简便，制作方法基本与固定式模板相同。钢模板是用钢材加工制作的，需用3～4 mm厚钢板及型钢骨架，成本较高，加工制作困难。因此，只有在组合钢模板、滑升模板、爬升模板等类模板中采用。

5. 常备式组合钢模板

常备式组合钢模板是桥梁施工中常用的模板之一。铁路、公路施工部门均颁布了相关《组合钢模板技术规则》，为桥梁墩台的施工中应用组合钢模提供了技术依据—还可以按照常见的墩台型式按一定模数设计制造组合钢模板，其优点是可以进行常规尺寸的拼装，以达到节省材料、重复利用的目的。

组合钢模板由面板及支承面板的加劲肋组成，在四周的加劲肋上设有连接螺栓孔，以便于板的连接。组合钢模板具有强度高，刚度大，拆装方便，通用性强，周转次数多，能大量节约材料等优点在实际使用中，组合钢模板可预拼成大的板块后安装使用，从而可以提高安装模板的速度。

6. 整体吊装模板

整体吊装模板是将墩台模板沿高度方向分成若干节，每一节的模板预先组装成一个整体，在地面拼装后吊装就位。每节高度可视墩台尺寸、模板数量、起吊能力和浇筑混凝土的能力而定，一般为 3 ~ 5m。使用这种模板可大大缩短工期，浇筑完下节混凝土后，即可将已拼装好的上节模板整体吊装就位，继续浇筑而不留工作缝模板安装完后在灌注第一层混凝土时，应在墩台身内预埋支承螺栓，以支承第二层模板和安装脚手架。

整体吊装模板的其他优点是模板拼装可在地面进行，有利于施工安全；利用模板外框架作简易脚手架，无须另搭设施工脚手架；模板刚性大，可少设或不设拉条；结构简单，装拆方便。其缺点是起吊重量较大。

除了上述模板类型外，桥梁上常用的模板还有滑升模板、爬升模板和提升模板等类型。

二、模板设计

模板系统的设计包括选型、配板、荷载计算、结构计算、拟订制作安装与拆除方案和绘制模板图。模板及其支架系统的设计应根据结构型式、设计跨径、施工组织设计、荷载大小、地基土类别、施工设备，以及有关的设计、施工规范进行。

（一）模板荷载

模板荷载是模板设计的重要依据，下面结合《铁路混凝土与砌体工程施工规范》的规定，简单介绍模板荷载的主要类别及其取值。

1. 竖向荷载

（1）模板及支架的自重标准值应根据模板设计图纸确定对于肋形楼板及无梁楼板模板的自重标准值，可按表 4–1 选取。记为荷载①。

表 4–1　楼板模板自重标准值　　单位：kN/m^2

模板构件名称	木模板	组合钢模板	钢框胶合板模板
平板的模板及小楞	0.30	0.50	0.40
楼板模板（其中包括梁的模板）	0.50	0.75	0.60
楼板模板及其支架(楼层高度为 4 m 以下）	0.75	1.10	0.95

（2）新浇筑的混凝土自重标准值。混凝土可取 24 kN/m^3，或根据实际确定钢筋混凝土可取 25 kN/m^3 记为荷载②。

（3）钢筋自重标准值，一钢筋自重标准值应根据设计图纸确定，对一般梁板结构每立方米钢筋混凝土的钢筋自重值可按下列数值选用：楼板 1.1 kN，梁 1.5 kN。记为荷载③。

（4）施工人员及设备荷载标准值。根据模板和支架的情况选取不同的值，如计算模板时可取 2.5 kPa，详见相关规范。记为荷载④。

（5）振捣混凝土时产生的荷载。对于水平面模板可采用 2.0 kN/m^2；对于垂直面模板可采用 4.0 kN/m^2（作用范围在新浇筑混凝土侧压力的有效压头高度范围内），记为荷载⑤，

2. 水平荷载

（1）新浇筑混凝土对侧向的压力。可按表 4–2 的规定计算。记为荷载⑥。

表 4–2　新浇筑混凝土对侧向的压力　　单位：kPa

<table>
<tr><th rowspan="2">序号</th><th rowspan="2">施工条件</th><th colspan="4">混凝土浇筑速度 v/（m/h）</th></tr>
<tr><th>0</th><th>0.57</th><th>0.81</th><th>1.80</th></tr>
<tr><td>1</td><td>大体积及一般混凝土</td><td colspan="2">19.0</td><td colspan="2">$72v/(v+1.6)$</td></tr>
<tr><td>2</td><td>柱、墙混凝土工程，坍落度大于 10 cm 或泵送混凝土一次浇筑到顶，并用强力振捣</td><td>19.0</td><td colspan="2">$\frac{61v}{v+0.4}$</td><td rowspan="2">$\frac{72v}{v+1.6}$</td></tr>
<tr><td>3</td><td>外部振捣器</td><td colspan="2">50.0</td><td>$\frac{61v}{v+0.4}$</td></tr>
</table>

续表

序号	施工条件	混凝土浇筑速度 v/（m/h）			
		0	0.57	0.81	1.80
4	水下混凝土	$28v(v \geqslant 0.25)$			
5	液压滑升模板	$72v/(v+1.6)$			

（2）倾倒混凝土时，因振动产生的水平荷载可按表 4–3 的规定计算。记为荷载⑦。

表 4–3　倾倒混凝土时因振动产生的水平荷载

序号	倾倒混凝土的方法	作用于侧模的水平荷载 /kPa
1	用溜槽、串筒或导管直接流出	2.0
2	用容积 0.2 m^3 以下的运输器具直接倾倒	2.0
3	用容积 0.2 ~ 0.8 件的运输器具直接倾倒	4.0
4	用容积 0.8 m^3 以上的运输器具直接倾倒	6.0

除上述 7 项荷载外，当在水平模板支撑结构的上部继续浇筑混凝土时，还应考虑由上部传递下来的荷载。

计算模板及其支架时的荷载设计值，应采用荷载标准值乘以相应的荷载分项系数求得，荷载分项系数应按表 4–4 选用。

表 4–4　荷载分项系数

项次	荷载类别	γ_i	项次	荷载类别	γ_i
1	模板及支架自重	1.2	4	施工人员及施工设备荷载	1.4
2	新浇筑的混凝土自重		5	振捣混凝土时产生的荷载	
3	钢筋自重		6	新浇筑混凝土对侧向的压力	1.2
			7	倾倒混凝土时产生的荷载	1.2

模板的计算荷载应按照桥梁设计荷载组合的原则进行组合，并按最不利的情况进行模板设计，按表 4–5 进行荷载组合。

表 4–5　模板及其支架设计计算的荷载组合

模板类别	荷载组合	
	计算强度用	验算刚度用
平板和薄壳的模板及支架等	①+②+③+④	①+②+③

续表

模板类别	荷载组合	
	计算强度用	验算刚度用
梁和拱模板的底板及支架	①+②+③+⑤	①淄+③
梁、拱、柱（边长≤300 min），墙（厚度≤100 mm）的侧面模板	⑤+⑥	⑥
大体积结构、柱（边长＞300 mm）、墙（厚度＞100 mm）的侧面模板	⑥+⑦	⑥

（二）强度、刚度要求和稳定性验算

根据荷载组合算出作用在模板上的竖向压力和水平压力后，按模板构造布置选取合适的力学计算模型，即可计算模板的强度和刚度。如何选取合适的力学计算模型，是模板强度和刚度计算的关键，力学计算模型是对实际结构理想化的简化，在简化的过程中不可避免地存在偏差，只要计算结果的误差在允许的范围内，应选取简单的力学计算模型。根据模板构造的不同，模板计算中常用的力学计算模型有简支梁、连续梁、四边简支板、四边固结嵌固板等。

1. 稳定性验算

验算模板及支架在自重和风荷载作用下的抗倾覆稳定时，应符合相关的专门规定。在验算模板、支架的倾覆安全时，其稳定系数不得小于 1.30。

$$\text{稳定系数}_{\text{倾}} = \frac{\text{稳定力矩}}{\text{倾覆力矩}} \geqslant 1.30 \tag{4-1}$$

当构筑物高度低于 6 m，风力较弱，或者设有防风措施时可不考虑风荷载问题。

2. 强度及刚度要求

强度计算时，支撑主要承受梁板传来的竖向荷载，一般以两端铰接的轴心受压杆件计算，计算长度按支撑中间水平拉杆的距离取值。

模板的计算挠度应符合以下规定。

（1）建筑物外露表面和直接支撑混凝土重力的模板（纵梁、横梁等），挠度不得大于构件跨度的 1/400。

（2）建筑物隐蔽表面的模板，挠度不得大于构件跨度的 1/250。

（3）模板的弹性压缩或下沉量，不得大于构件跨度的 1/1000。跨度大于 4 m 的钢筋混凝土梁式构件，其底模板应计算起拱高度。

（4）钢模板的面板变形为 1.5 mm；角棱、柱箍变形为 3.0 mm。

三、模板的施工

（一）模板安装

模板安装应与钢筋安装配合进行，模板安装过程如妨碍钢筋的绑扎，则应待钢筋安装完毕后进行。

地面以下的基础侧模板安装时，要先检查土壁是否稳定，支撑是否牢固等。模板材料等堆放应距基坑、井边缘 1 m 以外，以免造成坍塌。深、长基础侧模板宜采用分层支模方法，边组装模板边安设支撑件，下层模板支撑牢固后，再安装上一层模板。离地面较低，且平面尺寸较大的基础侧模板安装时，在模板外侧设置斜支撑固定模板位置即可。

地面以上的墩台、梁、板的模板安装时，应根据灌注混凝土量分段、分层自下而上安装，在下层模板支撑稳固并加设支撑后，再安装上一层模板。如构件模板离地面较高，除支撑外，宜在两侧模板间设置拉杆，拉杆可设置多层，位置应设在模板的肋条处，在混凝土外露的表面上，一般宜用可拆卸的连接螺栓紧固拉杆，外周设混凝土套或塑料管套。拆模后，拉杆拔出时，用水泥浆填堵孔眼。

方形、圆形、多角形、椭圆形等墩柱模板高度大于 4 m 时，宜采用定型钢模板。先绑扎墩柱钢筋，后支模板，钢模板底部应与基础预埋件连接牢固，根据墩高，上部可用多层拉杆固定以确保墩柱模板的稳定。

模板安装完毕后，应对其平面位置、顶部标高、节点联系和纵横向稳定性进行检查，签认后方可浇筑混凝土。浇筑时，发现模板有超过允许偏差变形值的可能时，应及时纠正。

（二）支架结构安装

支架及拱架等结构，无论在立面或平面上均应稳定、坚固，应能承受在施工过程中有可能发生的偶然撞击或振动。

支架及拱架宜采用标准化、系列化、通用化的构件拼装。在同一模板工程的支架体系中，不宜钢、木、竹等杆件混合使用。模板与支架体系除设计要求外，不得与脚手架连接，以免引起模板变形。

支架及拱架应预留施工拱度和施工沉落。施工拱度的确定应考虑以下因素。

（1）支架及拱架承受全部荷载时的弹性变形。

（2）加载后由于构件接头挤压所产生的非弹性变形（永久变形）挤压值。每个连接处的挤压值：木材与木材间为 1 ~ 3 mm；木材与钢材间为 1 ~ 2 mm。

（3）结构由于恒载及静活载影响所产生的挠度，对于长跨度拱梁，还应计算拱趾承载后在水平方向移动而产生的附加挠度。

（4）由于支撑基础下沉而产生的非弹性变形。

支架的所有支撑部分都要安设在可靠的地基上，需要足够的支撑面积，以保证灌注混凝土时，构件不发生超限下沉和不均匀下沉，确保支架不发生坍塌，针对不同的地基需要采取相应的措施。如在河流中，可视具体情况采取抛石、麻袋装土、竹笼装卵石等加固措施防止水流冲刷，或者在上游打桩防止漂浮物撞击

第二节　钢筋工程

在钢筋混凝土结构中，钢筋及其加工质量对结构质量起着决定性的作用。钢筋工程属于隐蔽工程，对钢筋的进厂验收、加工、连接和安装等全过程，都必须进行严格的质量控制，以确保结构的质量。

一、钢筋的种类与进场验收

（一）钢筋的种类

钢筋的种类繁多，按生产工艺可分为热轧钢筋、冷拉钢筋、冷拔钢丝、碳素钢丝、刻痕钢丝、钢绞线和热处理钢筋等。其中，后 4 种主要用于预应力混凝土工程。

钢筋混凝土结构中，常用钢筋的直径一般为 6 ~ 40 mm。钢筋按力学不同，分为 5 级。级别愈高，其强度和硬度愈高，但塑性则降低。Ⅰ ~ Ⅳ级为热轧钢筋，Ⅴ级为Ⅳ级经热处理后制成。Ⅰ级为低碳钢，Ⅱ ~ Ⅳ级为普通低合金钢。Ⅰ级钢筋外表光圆。Ⅱ ~ Ⅲ级钢筋外表带肋，按形状分为月牙肋和等高肋，统称为带肋钢筋。Ⅳ级为精轧螺纹钢筋，一般用作预应力筋。

（二）钢筋的进场验收

钢筋应具有出厂质量证明书和试验报告单，每捆（盘）钢筋应有标牌。对桥涵所用的钢筋应抽取试样做力学性能试验。进场的钢筋必须按不同钢种、等级、牌号、规格及生产厂家分批验收和分别堆存，不得混杂。钢筋在运输过程中，应避免锈蚀和污染。钢筋宜堆置在仓库（棚）内，采取露天堆置时，应垫高并加以遮盖。

钢筋的验收内容包括查对标牌、外观检查，并按有关标准的规定，抽样进行机械性能试验，合格后方可使用。

外观检查包括钢筋表面不得有裂纹、结疤和折叠，钢筋表面的凸块不允许超过螺纹的高度，钢筋的外形尺寸应符合有关规范的规定。

对于热轧钢筋，还应从每批钢筋中任选两根，在每根钢筋上取两个试件。取一个试件做拉伸试验，测定其屈服点、抗拉强度和伸长率；另一试件做冷弯试验，检查其冷弯性能。试验结果应符合规范的要求。如有一项试验结果不符合要求，则从同一批次中另取双倍数量的试件，对不合格项目重做试验。如仍有一个试样不合格，则该批钢筋判为不合格品。

二、钢筋的加工

钢筋一般先在钢筋车间加工，然后运至现场安装或绑扎。钢筋的加工过程一般有调直、除锈、冷加工和时效处理、配料、切断、弯曲成型等工序。下面介绍其中几道工序。

1. 钢筋的调直和除锈

钢筋在下料前，应进行必要的调直和除锈工作。钢筋调直和除锈应符合以下要求。

（1）钢筋的表面应洁净，使用前应将表面油渍、漆皮、鳞锈等清除干净。

（2）钢筋应平直，无局部折曲，成盘的钢筋和弯曲的钢筋均应调直。

（3）加工后的钢筋，表面不应有削弱钢筋截面的伤痕。

（4）钢筋的调直和除锈可采用冷拉的方法。采用冷拉方法调直钢筋时，Ⅰ级钢筋的冷拉率不宜大于 2%，其他级别钢筋的冷拉率不宜大于 1%。钢筋除可以采用冷拉除锈外，还可以采用电动除锈机除锈、喷砂除锈和人工除锈（用钢丝刷、砂盘）等。

2. 钢筋的冷加工和时效处理

将钢筋在常温下进行冷拉使其产生塑性变形，从而提高屈服强度，这个过程称为冷拉强化。将经过冷拉的钢筋在常温下存放 15 ~ 20 天或加热到 100 ~ 200 ℃并保持一定时间，这个过程称为时效处理前者称为自然时效；后者称为人工时效。冷拉以后再经时效处理的钢筋，其屈服点进一步提高，抗拉极限强度也有所增长，塑性继续降低。由于时效过程中内应力的消减，故弹性模量可基本恢复。工地或预制构件厂常利用这一原理，对钢筋或低碳钢盘条按一定制度进行冷拉加工，以提高屈服强度和节约钢材。

冷拉时，钢筋的应力和延伸率是影响钢筋冷拉质量的两个主要参数。在冷拉时最好采用同时控制钢筋应力和延伸率的方法，即“双控”，以应力控制为主，延伸率控制为辅。

为使钢筋变形充分发展，冷拉速度不宜过快，当拉到规定的控制应力（或冷拉长度）后，需稍停（1 ~ 2 min），待钢筋变形充分发展后，再放松钢筋，结束冷拉。冷拉后，钢筋表面不得有裂纹或局部颈缩现象，并应按施工规范要求，进行拉力试验和冷弯试验。

（三）钢筋的配料

钢筋的配料是将设计图纸中各构件的配筋图表编制成便于实际加工、具有准确下料长度（钢筋切断时的直线长度）和数量的表格，即配料单 D 下料前应认真核对钢筋规格、级别和加工数量，防止出错；下料后必须挂牌注明所用部位、型号、级别，并应分别堆放。

钢筋下料长度的计算是配料计算中的关键，钢筋应按需要的长度下料。在计算钢筋需要的长度时，需要扣减钢筋弯曲时的伸长率，钢筋的伸长率与其弯曲角度和直径有关。根据实践经验，钢筋伸长量与弯制角度的关系如表 4–6 所示。相应地，要增加钢筋弯钩和钢筋弯起的长度。

表 4–6　钢筋伸长量与弯制角度的关系

弯制角度	30°	45°	60°	90°	135°	180°
伸长量	0.35d	0.5d	0.85d	1.0d	1.25d	1.5d

$$钢筋下料长度 = 钢筋外包尺寸 + 钢筋下料加长值 \quad (4\text{–}2)$$

（四）钢筋的切断和弯曲

钢筋的切断是将已调直的钢筋切成所需要的长度，分为机械切断和人工切断两种。钢筋切断应合理统筹配料，将相同规格钢筋根据不同长短搭配，统筹排料，先断长料，后断短料，以减少短头、接头和损耗。此外，在切断时，避免将钢筋弯曲；对于短料的切断，要注意安全，防止发生事故。

钢筋弯曲成型是将已调直、切断的钢筋弯曲成所需要的形状。下料后的钢筋，可在工作平台上用手工或电动弯筋器按规定的弯曲半径弯制成型。钢筋的两端也应按图纸弯成所需的弯钩。如钢筋图中对弯曲半径未作规定，则宜按相应施工规范的要求进行弯制。需要较长的钢筋时，最好在接长以后再弯制，这样较易控制尺寸。钢筋的弯制和末端的弯钩应符合设计要求。

三、钢筋的连接

钢筋的连接常用方法有绑扎连接、焊接连接、机械连接。除个别情况（如不准出现明火）外，应尽量采用焊接连接，以保证质量，提高效率和节约钢材。如现行《铁路混凝土与砌体施工规范》规定：当设计对钢筋接头无明确要求时，应采用闪光对焊或电弧焊连接，并以闪光对焊为主；仅在确无条件施焊时，可采用绑扎连接和机械连接方式。

（一）钢筋焊接连接

钢筋焊接连接在工程中应用最广泛，经常采用的焊接方法有闪光对焊、电弧焊、电渣压力焊、电阻点焊、气压焊和预埋件埋弧压力焊等。

1. 闪光对焊

钢筋对焊原理是将两钢筋成对接形式水平安置在对焊机夹钳中，使两钢筋接触，通以低电压的强电流，把电能转化为热能（电阻热）。当钢筋加热到一定程度后，即施加轴向压力挤压（称为顶锻），便形成对焊接头。

闪光对焊具有生产效率高、操作方便、节约钢材、焊接质量高、接头受力性能好等许多优点。钢筋闪光对焊过程为：先将钢筋夹入对焊机的两电极中（钢筋与电极接触处应清除锈污，电极内应通入循环冷却水），闭合电源，使钢筋两端面轻微接触。这时即有电流通过。由于接触轻微，钢筋端面不平，接触面很小，故电流密度和接触电阻很大。因此，接触点很快熔化，形成“金属过梁”。过梁进一步加热，产生金属蒸气飞溅（火花般的熔化金属微粒自钢筋两端面的间隙中喷出，此称为烧化），形成闪光现象，故称闪光对焊。通过烧化使钢筋端部温度升高到要求温度后，便快速将钢筋挤压（称顶锻），然后断电，即形成对焊接头。

根据所用对焊机功率大小及钢筋品种、直径不同，闪光对焊又分为连续闪光焊、预热闪光焊、闪光－预热闪光焊等不同工艺。钢筋直径较小时，可采用连续闪光焊；钢筋直径较大、端面较平整时，宜采用预热闪光焊；直径较大，且端面不够平整时，宜采用闪光－预热闪光焊。

（1）连续闪光焊

采用连续闪光焊时，先闭合电源，然后使两钢筋端面轻微接触，形成闪光。闪光一旦开始，应徐徐移动钢筋，形成连续闪光过程。待钢筋烧化到规定的长度后，以适当的压力迅速进行顶锻，使两根钢筋焊牢。连续闪光焊所能焊接的最大钢筋直径，应随着焊机容量的降低和钢筋级别的提高而减小。

（2）预热闪光焊

预热闪光焊是在连续闪光焊前增加一次预热过程，以达到均匀加热的目的。采用这种焊接工艺时，先闭合电源，然后使两钢筋端面交替地接触和分开。这时钢筋端面的间隙中即发出断续的闪光，而形成预热过程。当钢筋烧化到规定的预定预热留量后，随即进行连续闪光和顶锻，使钢筋焊牢。

（3）闪光—预热闪光焊

是在预热闪光焊前加一次闪光过程。其目的是使不平整的钢筋端面烧化平整，使预热均匀。这种焊接工艺的焊接过程是：首先连续闪光，使钢筋端部闪平；然后断续闪光，进行预热；接着连续闪光，最后进行顶锻，以完成整个焊接过程。

冬季钢筋的闪光对焊宜在室内进行。焊接时的环境温度不宜低于0℃。困难条件下，对以承受静力为主的钢筋，闪光对焊的环境温度可适当降低，但最低不应低于－10℃在低温条件下焊接时，焊件冷却快，容易产生淬硬现象，内应力也将增大，使接头力学性能降低，给焊接带来不利影响。因此，在低温条件下焊接时，应掌握好冷却速度。为使加热均匀，增大焊件受热区域，宜采用预热闪光焊或闪光—预热闪光焊。

2. 电弧焊

电弧焊是利用弧焊机在焊条与焊件之间产生高温电弧，使焊条和电弧燃烧范围内的金属焊件很快熔化从而形成焊接接头。电弧焊的应用非常广泛，常用于钢筋的搭接接长、钢筋与钢板的焊接、装配式钢筋混凝土结构接头的焊接、钢筋骨架的焊接，以及各种钢结构的焊接等。

钢筋电弧焊的接头形式主要有搭接焊、帮条焊、坡口焊、窄间缝焊、钢筋与钢板搭接焊、熔槽帮条焊和预埋件电弧焊七种。

钢筋接头采用电弧焊时，要符合以下要求。

第一，施焊的各种钢筋、钢板均应有材质证明书或试验报告单，焊条、焊剂应有合格证，各种焊接材料的性能应符合现行相关规程的规定。

第二，钢筋接头采用搭接或带条电弧焊时，宜采用双面焊缝；采用双面焊缝困难时，可采用单面焊缝。

第三，钢筋接头采用搭接电弧焊时，两钢筋搭接端部应预先折向一侧，使两接合钢筋轴线一致接头双面焊缝的长度不应小于5人单面焊缝的长度不应小于10 d（d为钢筋直径）。

第四，钢筋接头采用帮条电弧焊时，帮条应采用与主筋同级别的钢筋，其总截面面积不应小于被焊钢筋的截面积；帮条长度，如用双面焊缝不应小于5d，如用单面焊缝不应小于10 d（d为钢筋直径）。

3. 电渣压力焊

电渣压力焊是利用电流通过渣池产生的电阻热将钢筋端部焰化，然后施加压力使钢筋焊接在一起，电渣压力焊的操作简单，易掌握，工作效率高，成本较低，施工条件也较好，主要用于现浇钢筋混凝土结构中竖向或斜向钢筋的接长。

电渣压力焊的质量检验包括外观检查和拉力试验两方面内容。对每一个焊接头都应进行外观检查，要求接头焊包均匀，凸出钢筋表面的高度至少4 mm；电极与钢筋接触处，钢筋表面无明显烧伤等缺陷；接头处钢筋轴线偏移不超过0.1 d，同时不得大于2 mm；接头处弯折不得大于4。对外观检查不合格的焊接接头，应将接头切除重焊，或者采取补强措施。进行力学性能试验时，应从每批接头处随机切取3个试件做拉伸试验。试验结果要求3个试件均不得低于该级别钢筋规定的抗拉强度标准值当试验结果有1个试件的抗拉强度低于规定指标，应取双倍数量试件进行复检；复检结果若仍有1个试件的抗拉强度低于规定指标，则判定该批接头为不合格。

4. 电阻点焊

电阻点焊是利用点焊机对钢筋骨架或钢筋网中交叉钢筋进行焊接，其所适用的钢筋直径和种类为：直径6 ~ 15 mm的热轧HPB235、HRB335钢筋，直径 3 ~ 5 mm 的冷拔低碳钢丝和直径 4 ~ 12 mm 的冷轧带肋钢筋。

电阻点焊采用的点焊机有用于焊接较粗钢筋的单点点焊机、用于焊接钢筋网片的多点点焊机，以及可焊接各种几何形状大型钢筋网片和钢筋骨架的悬挂式点焊机。

点焊接头质量检查包括外观检查和强度检验两部分内容。

外观检查应按同一类型制品分批抽检，一般制品每批抽查 5%；梁柱、骨架等重要制品每批抽查 10%，均不得少于 3 件。外观检查要求焊点处金属熔化均匀；热轧钢筋点焊时，压入深度为较小钢筋直径的 30% ~ 45%；冷拔低碳钢丝点焊时，压入深度为较小钢丝直径的 30% ~ 35%；焊点无脱落、漏焊、裂纹、多孔性缺陷及明显的烧伤现象；焊接骨架的长度、宽度的允许偏差应满足有关规定。

强度检验时，试件应从每批成品中切取。切取过试件的制品，应补焊同级别、同直径的钢筋，其每边的搭接长度应符合规定。热轧钢筋焊点应做抗剪试验；冷拔低碳钢丝焊点除做抗剪试验外，还应对较小钢丝做抗拉伸试验。焊点的抗剪试验结果应符合相关规定，拉伸试验结果不得小于冷拔低碳钢丝乙级规定的抗拉强度。试验结果，如有 1 个试件达不到上述要求，则取双倍数量的试件进行复验。复验结果，如仍有 1 个试件不能达到上述要求，则该批制品为不合格。采用加固处理后，可再次提交验收。

5. 气压焊

钢筋气压焊是采用氧乙炔火焰或其他火焰对两钢筋对接处加热，使其达到塑性状态或熔化状态后，加压完成的一种压焊方法，适用于焊接直径 14 ~ 40 mm 的热轧光圆不带肋钢筋。

气压焊接头应逐个进行外观检查。外观检查结果要求偏心量 e 不得大于钢筋直径的 0.15 倍，同时不得大于 4 mm。当不同直径钢筋相焊接时，按较小钢筋直径计算，当超过限量时，应切除重焊；两钢筋轴线弯折角不得大于 4°，当超过限量时，应重新加热矫正；镦粗直径 d_c 不得小于钢筋直径的 1.4 倍，当小于此限量时，应重新加热镦粗；镦粗长度 l_c 不得小于钢筋直径的 1.2 倍，且凸起部分应平缓圆滑，当小于此限量时，应重新加热镦长；压焊面偏移 4 不得大于钢筋直径的 0.2 倍。

强度检验时，应从每批接头中随机切取 3 个接头做拉伸试验，在梁、板的水平钢筋连接中，还应另切取 3 个接头做弯曲试验。气压焊接头拉伸试验结果要求 3 个试件的抗拉强度均不得低于该级别钢筋规定的抗拉强度值，并断于压焊面之外，呈延性断裂。在进行弯曲试验时，应将试件受压面的凸起部分除去，与钢筋外表面齐平，弯心直径应符合相关规定，弯曲试验结果要求压焊面处在弯曲中心点，弯至 90° 时，3 个试件均不得在压焊面发生破断。拉伸和弯曲试验中，若有 1 个试件不符合要求时，应切取双倍试件进行复验；若复验结果中，仍有 1 个试件不符合要求，则该批接头为不合格。

6. 预埋件埋弧压力焊

预埋件埋弧压力焊是在混凝土预埋件构件的制作中，将钢筋与钢板安装成 T 形形式，利用焊接电流，在焊剂层下产生电弧，形成熔池，加压完成的一种压焊方法。

预埋件埋弧压力焊具有生产效率高、接头质量好等优点。对于预制厂大批量生产时，经济效益尤为显著。适用于焊接热轧 ϕ 6 ~ 25 mm 的 HRB335 等钢筋。

（二）钢筋绑扎连接

钢筋绑扎连接是在钢筋绑扎接头处的中心和两端用铁丝扎牢，如图 4–22 所示。其优点是工艺简单、工效高，不需要连接设备；缺点是当钢筋较粗时，相应地需增加接头钢筋长度，浪费钢材且绑扎接头的刚度不如焊接接头。

当钢筋采用绑扎连接方式时，要求绑扎位置准确、牢固；绑扎的搭结长度及绑扎点位置等应符合以下规定。

第一，绑扎连接的接头应设置在内力较小处，应错开布置，并且两接头间距离不小于 1.3 倍搭接长度。

第二，绑扎接头的截面面积占总截面面积的百分比，在受拉区不得超过 25%，在受压区不得超过 50%。

第三，绑扎接头与钢筋弯曲处的距离不应小于 10 倍钢筋直径，也不宜位于构件的最大弯矩处。

第四，受拉钢筋绑扎接头的搭接长度，应符合规定；受压钢筋绑扎接头的搭接长度，应取受拉钢筋绑扎接头搭接长度的 0.7 倍。

第五，受拉区内Ⅰ级钢筋绑扎接头的末端应做弯钩，HRB335、HRB400 钢筋的绑扎接头末端可不做弯钩。直径小于或等于 12 mm 的受压Ⅰ级钢筋的末端，可不做弯钩，但搭接长度不应小于钢筋直径的 30 倍。

（三）钢筋机械连接

钢筋机械连接是通过对钢筋接头的套螺纹或镦粗等采用机械手段，并用套筒连接牢固的一种连接方式。钢筋机械连接常用于现浇钢筋混凝土结构施工现场 HRB335、HRB400 热轧带肋钢筋的连接。其具有工艺简单、节约钢材、接头性能可靠、技术易掌握、工作效率高、节约成本等优点。常用的机械连接方式有带肋钢筋套筒挤压连接、锥螺纹连接和镦粗直螺纹钢筋连接等。

1. 带肋钢筋套筒挤压连接

带肋钢筋套筒挤压连接（简称挤压连接）是将两根待接的带肋钢筋插入特制的钢套筒内，利用钢筋挤压机压缩套筒，使套筒和钢筋之间发生塑性变形，靠变形后的套筒与带肋钢筋之间的紧密啮合来实现钢筋的连接。挤压连接适用于钢筋直径为 16 ~ 40 mm 的 HRB335、HRB400 带肋钢筋的连接。

挤压连接工艺是利用金属材料在外界压力作用下发生塑性变形原理而成，不存在焊接工艺中的高温熔化过程，从而避免了焊接工艺中容易出现的质量缺陷。挤压连接应符合以下规定。

（1）不同直径的带肋钢筋可采用挤压接头连接，当套筒两端外径和壁厚相同时，被连接钢筋的直径相差不应大于 5 mm。

（2）当混凝土结构中挤压接头部位的温度低于 –20℃时，宜进行专门的试验。

（3）对 HRB335、HRB400 带肋钢筋挤压接头所用套筒材料，应选用适用于压延加工的钢材，其实测力学性能、承载力和尺寸偏差应符合有关规定。

（4）套筒应有出厂合格证，套筒在运输和储存中，应按不同规格分别堆放，不得露天堆放，应防止锈蚀和沾污。

（5）挤压接头施工时，有关挤压设备、人员、挤压操作、质量检验、施工安全应符合现行相关技术规程的规定。

挤压连接完成后，应对挤压后接头处的质量进行检查 e 要求挤压后的钢筋端头离套筒中线不应超过 10 mm，压痕间距应为 16 mm，挤压后套筒长度应增长为原套筒的 1.10 ~ 1.15 倍。挤压后压痕处套筒的最小外径应为原套筒外径的 85% ~ 90%；接头处弯折角度不得大于 4° ；接头处不得有肉眼可见裂纹及过压现象。

强度检验时，应从每批接头中抽取不少于 3 个试件做抗拉强度检验。若 1 个试件不符合要求，应取双倍试件送检；再有试件不合格，则该批挤压接头评为不合格，

2. 锥螺纹连接

锥螺纹连接是对传统的螺纹连接技术进行改进的一项钢筋连接新技术。锥螺纹连接是通过连接套筒与连接钢筋螺纹的啮合，来承受外荷载。锥螺纹连接适用于钢筋混凝土结构的 HRB335、HRB400 热轧钢筋的连接施工，但不得用于预应力钢筋的连接一对于直接承受动荷载的结构构件，其接头还应满足抗疲劳性能等设计要求。

锥螺纹的连接套筒应是在专业工厂加工而成的定型产品，以保证产品质量。连接套筒的规格尺寸应与钢筋锥螺纹相匹配，其承载力应略高于钢筋母材。钢筋连接端的锥螺纹需在钢筋套丝机上加工，一般在施工现场进行。为保证连接质量，每个锥螺纹头都需要用牙形规和卡规逐个检查，不合格者需切掉重新加工。合格的丝头应拧上塑料保护帽，以免丝头受损。

钢筋连接前，先回收钢筋待连接端的保护帽和连接套筒上的密封盖，并检查钢筋规格是否与连接套筒规格相同，检查锥螺纹丝头是否完好无损、有无杂质。检查合格后，即可将待接钢筋对正轴线，用手拧入一端已拧上钢筋的连接套筒内，再用力矩扳手按规定的力矩值把钢筋接头拧紧，便完成钢筋的连接°

3. 镦粗直螺纹钢筋连接

镦粗直螺纹钢筋连接是先利用冷傲机将钢筋端部镦粗，再用套丝机在镦粗段上加工直螺纹，然后用连接套筒将两根钢筋对接。由于钢筋端部经过冷傲后，不仅截面会加大，而且强度也有所提高口加工直螺纹后的钢筋端部直径应不小于其母材的直径，因此钢筋接头处强度可与母材相等。镦粗直螺纹钢筋接头适用于 HRB335、HRB400 热轧带肋钢筋的连接施工。

镦粗直螺纹钢筋接头的要求如下。

（1）钢筋下料时切口端面应与钢筋轴线垂直，不得出现马蹄形或挠曲：

（2）镦粗头的基圆直径应大于丝头螺纹直径，长度应大于 1/2 套筒长度，过渡段坡度应大于 1 ： 3。

（3）镦粗头不得有与钢筋轴线相垂直的横向表面裂纹。

（4）不合格的镦粗头应切去后重新镦粗，不得对镦粗头进行二次镦粗。

（5）钢筋丝头的螺纹应与连接套筒的螺纹相匹配。

（6）拼接完成后，套筒每端不得有一扣以上的完整丝扣外露，加长型接头的外露丝扣数可不受限制，但套筒的丝头长度应满足要求。

四、钢筋骨架和钢筋网的安装

钢筋骨架和钢筋网可以焊接成型，也可以绑扎成型，但都必须保证钢筋骨架或钢筋网有足够的刚度，以便在搬运、安装和灌筑混凝土过程中不致变形或松散。

（一）钢筋骨架和钢筋网的运输与起吊

为保证安装质量和加快施工进度，常将钢筋骨架和钢筋网分块或分段绑扎，然后运至施工现场进行拼装。分块或分段的大小应根据结构配筋特点和起重运输能力来确定，一般钢筋网的分块面积为 6 ~ 20 m^2，钢筋骨架的分段长度为 6 ~ 12 m。

在钢筋网和钢筋骨架运输过程中，为防止其发生歪斜变形、松散，应当采取临时加固措施。对于跨度小于或等于 6 m 的钢筋骨架，一般采用两点起吊；跨度大于 6 m 的钢筋骨架，一般采用四点起吊。

（二）钢筋骨架和钢筋网的焊接

焊接钢筋骨架应在紧固的焊接工作台上进行施工。骨架的焊接一般采用电弧焊，先焊成单片平面骨架，再将其组拼成立体骨架。在焊接过程中，由于焊缝填充金属及被焊金属的温度变化，骨架将会产生翘曲变形，同时在焊缝内将引起甚至会导致焊缝开裂的收缩应力。为了防止或减小这种变形和应力，一般以采用双面焊缝为宜，即先焊好一面的焊缝，而后把骨架翻身，再焊另一面的焊缝当大跨径骨架由于翻身困难而不得不采用单面焊时，须在垂直骨架平面的方向做成预拱度（其大小可由实地测验而定）。同时，在焊接操作上应采用分层跳焊法，即从骨架中心向两端对称、错开地焊接，先焊骨架下部，后焊骨架上部；在同一断面处，如钢筋层次多，各道焊缝也应互相交错跳焊。

实践表明，装配式简支梁焊接钢筋骨架在焊接后的骨架平面内还会发生两端上翘的焊接变形。为此，还应结合骨架在安装时可能产生的挠度，事先将骨架拼成具有一定的预拱度，再行施焊。焊接成型的钢筋骨架安装比较简单，用一般起重设备吊入模板即可。

钢筋网的焊点应符合设计规定，当设计无规定时，应按以下要求焊接。

（1）当焊接的受力钢筋为 HRB235 和 HRB335 时，如焊接网只有一个方向为受力钢筋，网两端边缘的两根锚固横向钢筋与受力钢筋的全部相交点必须焊接；如焊接网的两个方向均为受力钢筋，则沿网四周边缘的两根钢筋的全部相交点均应焊接，其余的交叉点可根据运输和安装条件决定，一般可焊接或绑扎 5。% 的交叉点。

（2）当焊接网的受力钢筋为冷拔低碳钢丝，而另一方向的钢筋间距小于 100 mm 时，除网两端边缘的两根钢筋的全部相交点必须焊接外，中间部分的焊点距离可增大至 250 mm。

（三）钢筋骨架和钢筋网的绑扎

绑扎钢筋骨架时应事先拟定安装顺序。一般的梁肋钢筋，先放箍筋，接着装下排钢筋，后装上排钢筋。钢筋网在现场绑扎时，要充分考虑混凝土浇筑时的临时荷载影响（如混凝土堆积、冲击荷载），应布置好加力钢筋，以保证钢筋网不变形。在钢筋安装工作中为了保证达到设计及构造要求，应注意以下问题。

第一，钢筋的接头应按规定要求错开布置。

第二，钢筋的交叉点应用铁丝绑扎结实，必要时亦可用点焊焊接，

第三，除设计有特殊规定者外，梁中箍筋应与主筋垂直匚箍筋弯钩的叠合处，在梁中应沿纵向置于上面并交错布置。

第四，为了保证混凝土保护层的厚度，应在钢筋与模板间设置垫块，如水泥浆块、混凝土垫块、钢筋头垫块或其他形式的垫块。垫块应错开设置，不应贯通截面全长。

第五，为保证及固定钢筋相互间的横向净距，两排钢筋之间可使用混凝土分隔块，或者用短钢筋扎结固定。

第六，为保证钢筋骨架有足够的刚度，必要时可以增加装配钢筋。

五、钢筋的质量检查与质量标准

（一）钢筋的质量检查

钢筋安装完毕后应进行检查验收，检查的内容如下：

钢筋的级别、直径、根数、位置和间距是否与设计图纸相符；

钢筋的接头位置及搭接长度是否符合规定；

混凝土保护层是否符合规定；

钢筋表面是否清洁（有无油污、铁锈、污物）；

检查完毕，在浇筑混凝土之前进行验收并做好隐蔽工程记录。

（二）钢筋的质量标准

1. 加工钢筋的允许偏差不得超过表 4–7 的规定

表 4–7　加工钢筋的允许偏差

项目	允许偏差 /mm
受力钢筋沿长度方向加工后的全长	± 10
弯起钢筋各部分尺寸	± 20
箍筋、螺旋筋各部分尺寸	± 5

2. 焊接钢筋的验收和允许偏差

焊接钢筋的质量验收内容和标准应按有关规范的规定执行。

焊接钢筋网及焊接骨架的允许偏差不得超过表 4–8 的规定。

表 4–8　焊接钢筋网及焊接骨架的允许偏差

项目	允许偏差 /mm	项目	允许偏差 /mm
网的长、宽	± 10	骨架的宽、高	± 5
网眼的尺寸	± 10	骨架的长	± 10
网眼的对角线差	± 10	箍筋间距	0，–20

3. 安装钢筋的允许偏差

钢筋的级别、直径、根数和间距均应符合设计要求。绑扎或焊接的钢筋网和钢筋骨架不得有变形、松脱和开焊，钢筋位置的允许偏差不得超过规定。

第三节　混凝土工程

混凝土工程包括配料、拌制、运输、灌筑、养护等施工过程。在整个工艺过程中，各工序是紧密联系又互相影响的，因而在混凝土工程施工中，对每一个施工环节都要认真对待，以保证混凝土的质量。

一、混凝土的配料

混凝土的配料是指将各种原材料按照一定的配合比配制工程需要的混凝土。其主要包括配制混凝土用的材料、混凝土配合比设计等方面内容。

（一）配制混凝土用的材料

1. 水泥

配制混凝土所用的水泥可采用硅酸盐水泥、普通硅酸盐水泥、火山灰硅酸盐水泥或粉煤灰硅酸盐水泥。某些特殊条件下也可以采用其他品种水泥。

水泥强度等级的选用，应能使所配制的混凝土强度等级符合设计和施工要求，以收缩小、和易性好和节约水泥为原则。水泥的性能指标应符合现行国家有关标准，并附有厂家的水泥年品质等合格证明文件。水泥进场后，应对其品种、强度等级、包装或散装仓号、出厂日期等检查验收。必要的情况下，应对所用水泥进行复查，并按试验结果使用、袋装水泥在运输和存储时应防止受潮，堆垛时应架离地面，并应加隔潮措施，不同强度等级、品种和出厂日期的水泥应分别堆放。散装水泥的储存，应尽可能采用水泥罐或散装水泥仓库。水泥如受潮或存放时间超过 3 个月，应重新取样检验，并按其复检结果使用。

2. 细骨料

桥涵混凝土的细骨料应采用级配良好、质地坚硬、颗粒洁净、粒径小于 5 mm 的河砂。河砂不易得到时，也可采用山砂或用硬质岩石加工的机制砂。细骨料不宜采用海砂。各类砂应分批检验，各项指标合格时方可使用。普通混凝土所用砂应以细度模数为 2.5 ~ 3.5 的中粗砂为易，并且砂的级配应符合规范中要求任何一个级配区所规定的级配范围。当对砂的坚固性有怀疑时，应用硫酸钠进行坚固性试验。

3. 粗骨料

房屋混凝土的粗骨料应采用坚硬的卵石或碎石，并应按产地、类别、加工方法和规格等不同情况，分批进行检验。机械集中生产时，每批不宜超过 400 m^3；人工分散生产时，每批不宜超过 200 m^3。

粗骨料宜采用连续粒级，也可用单粒级组合成满足要求的连续粒级。粗骨料的级配范围应符合有关规定要求粗骨料最大粒径应按混凝土结构情况及施工方法选择，但粗骨料最大粒径不应超过构件截面最小尺寸的 1/4，且不应超过钢筋最小净间距的 3/4；对于实心混凝土板，粗骨料的最大粒径不宜超过板厚的 1/3，且不应超过 40 mm。当采用泵送混凝土时，粗骨料粒径除应符合上述规定外，还应满足碎石的粒径不宜超过输送管径的 1/3，卵石不宜超过输送管径的 1/2.5，同时应符合混凝土泵的使用规定。

当对混凝土中碱含量有要求时，施工前应对所用的碎石或卵石进行碱活性检验，在条件许可时尽量避免采用有碱活性反应的骨料当混凝土所处的环境比较特殊（如寒冷地区，经常处于干湿交替状态；或者混凝土处于干燥条件，但有抗疲劳、耐磨、抗冲击要求高等），应对卵石或碎石进行紧固性试验，试验结果应符合相关规定要求。

4. 水

混凝土拌和用水一般采用饮用水，当采用其他来源水时，水质应符合以下要求。

（1）水中不应含有影响水泥正常凝结与硬化的有害杂质，如污水、pH 值小于 4 的酸性水和硫酸盐（按 SO_4^{2-} 计）含量超过水重 1% 的水，均不得用于混凝土中。

（2）海水中含有氯盐，对钢筋有腐蚀作用，不得用海水拌制混凝土。

5. 外加剂

为满足混凝土在施工和使用中的一些特殊要求，保证工程顺利进行，可在混凝土中渗入少量外加剂，以改善混凝土的性能。

外加剂的种类很多，用途和用法各不相同，常用的有减水剂、早强剂、缓凝剂、防冻剂、防水剂、引气剂、混凝土泵送剂和膨胀剂等。

混凝土所使用的外加剂须是经过有关部门检验并附有检验合格证明的产品，其质量应符合现行国家有关标准的规定。外加剂的掺量应根据使用要求、施工方法、气候条件、混凝土原材料的变化等因素来进行调整。如果使用一种以上的外加剂，外加剂应是彼此相容的，且需要通过配比设计，并按要求加到混凝土拌和物中。此外，不同品种的外加剂应进行标识，分别存储，在运输与存储时不得混入杂物和污染。

（二）混凝土配合比设计

1. 配合比设计要求和步骤

（1）设计要求

混凝土配合比是指水、水泥、砂、石的比重比，不得采用经验配合比。混凝土配合比应根据材料的供应情况，通过一定的试验适当选择。合理的混凝土配合比应能满足两个基本要求：既要保证混凝土能达到结构设计中所规定的设计强度，又要满足施工所需要的和易性。同时，应符合合理使用材料和经济的原则，符合对混凝土的耐久性要求和设计规定的抗冻性、抗渗性等要求。

（2）设计步骤

①计算混凝土配制强度，并求出相应的水灰比。

②选取每立方米混凝土的用水量，并计算出每立方米混凝土的水泥用量。

③选取砂率，计算出粗骨料和细骨料的用量，提出试配用的计算配合比。

④混凝土配合比试配、调整和确定。

⑤施工配合比的确定。

2. 混凝土配合比的确定

（1）混凝土的施工配制强度

混凝土的施工配制强度可按式（4–3）确定。

$$f_{\mathrm{cu}} = f_{\mathrm{cu,k}} + 1.64\sigma \tag{4–3}$$

式中：f_{cu}——混凝土的施工配制强度，N/mm^2；

$f_{\mathrm{cu,k}}$——混凝土设计强度标准值，N/mm^2；

σ——施工单位的混凝土强度标准差，N/mm^2。

当施工单位具有近期的同一品种混凝土强度资料时，其混凝土强度标准差按式（4–4）计算。

$$\sigma = \sqrt{\frac{\sum_{i=1}^{N} f_{cu,i}^2 - N u_{f_{\mathrm{cu}}}^2}{N-1}} \tag{4–4}$$

式中：$f_{cu,i}$——统计周期内同一品种混凝土第 i 组试件的强度值，N/mm²；

$u_{f_{cu}}$——统计周期内同一品种混凝土 N 组强度的平均值，N/mm²；

N——统计周期内同一品种混凝土试件的总组数，N ≥ 25。

①“同一品种混凝土”是指混凝土强度等级相同，且生产工艺和配合比基本相同的混凝土。

②对预拌混凝土工厂和预制混凝土构件厂，统计周期可取为 1 个月；对现场拌制混凝土的施工单位，统计周期可根据实际情况确定，但不宜超过 3 个月。

③当混凝土强度等级为 C20 或 C25 时，如计算得到的 $\sigma < 2.5$ N/mm²，取 $\sigma = 2.5$ N/mm²；当混凝土强度等级高于 C25 时，如计算得到的 $\sigma < 3.0$N/mm²，取 $\sigma = 3.0$ N/mm²。

（2）和易性

混凝土的和易性是指混凝土拌和后既便于浇筑，又能保持其均质性，不出现离析现象，即具有一定的黏聚性和流动性。混凝土的黏聚性和水泥用量有关，规范规定混凝土的最大水灰比和最小水泥用量应符合表 4–9 的规定。

表 4–9　混凝土的最大水灰比和最小水泥用量

混凝土所处的环境条件	无筋混凝土		钢筋混凝土	
	最大水灰比	最小水泥用量 /（kg/m³）	最大水灰比	最小水泥用量 /（kg/m³）
温暖地区或寒冷地区，无侵蚀物质影响，与土直接接触	0.60	250	0.55	275
严寒地区或使用除冰盐的桥涵	0.55	275	0.50	300
受侵蚀性物质影响	0.45	300	0.40	325

注：①表 4–9 中的水灰比是指水与水泥（包括外掺混合材料）用量的比值。

②表 4–9 中的最小水泥用量，包括外掺混合材料，当采用人工捣实混凝土时，水泥用量应增加 25 kg/m³；当掺用外加剂能有效地改善混凝土的和易性时，水泥用量可减少 25 kg/m³。

③严寒地区是指最冷月份平均气温≤ –10℃且日平均温度≤ 5℃的天数不小于 145 天的地区。

当使用混凝土泵输送混凝土时，要求混凝土能顺利通过输送管道到达浇筑地点，不堵塞、不离析、坍落度不过分减少，即具有良好的可泵性泵送混凝土的配合比应符合下列规定：骨料的最大粒径与输送管内径之比，碎石不宜大于 1 ∶ 3，卵石不宜大于 1 ∶ 2.5；通过 0.315 mm 筛孔的砂不应少于 15%，砂率宜控制在 40% ~ 50%；最小水泥用量宜为 300 kg/m^3；混凝土的坍落度宜为 80 ~ 180 mm；混凝土内宜掺适量的外加剂或混合材料。

（3）混凝土配合比的试配、调整和确定

按计算的混凝土配合比进行试配，试配时所用的各种原材料应采用工程中实际使用的原材料，且试配混凝土的搅拌方法宜与生产时使用的方法相同。

在进行试配时，首先应进行试拌以检查拌和物的性能口如果试拌得出的拌和物坍落度或维勃稠度不能满足要求，或者黏聚性和保水性不好时，应在保证水灰比不变的条件下相应调整用水量或砂率，直到符合要求为止，然后提出供混凝土强度试验用的基准配合比。在试拌确定的基准配合比基础上，至少应制作 3 种不同配合比的混凝土强度试验试件。另外两种配合比的水灰比，宜在基准配合比基础上分别增加或减少 0.05，用水量应与基准配合比相同，砂率可分别增加或减少 1%。

根据试验得出的混凝土强度与其相对应的灰水比（C/ 驴）之间的关系，可用作图法或计算法求出与混凝土配制强度 0Q 相对应的水灰比，进而确定每立方米混凝土的其他材料用量。

（三）混凝土施工配合比确定

前面所述的配合比是指实验室配合比，此时认为砂、石等原材料处于完全干燥状态下。而在现场施工中，砂、石两种原材料一般都采用露天堆放，不可避免地含有一些水分，配料时必须将这部分含水率考虑进去，才能保证混凝土配合比的准确。在施工时应及时测量砂、石的含水率，并将混凝土的实验室配合比换算成考虑了砂、石含水率的施工配合比。

若混凝土的实验室配合比为：水泥 ∶ 砂 ∶ 石 ∶ 水 =1 ∶ s ∶ g ∶ w，而现场测出砂的含水率为 w_s，石的含水率为 w_g，则换算后的施工配合比为：

$$1:s\left(1+w_s\right):g\left(1+w_g\right):\left(w-s\cdot w_s-g\cdot w_g\right) \tag{4–5}$$

二、混凝土的拌制

混凝土的拌制是水泥、水、粗细骨料和外加剂等原材料混合在一起进行均匀拌和的过程。搅拌后的混凝土要求匀质，且达到设计要求的和易性和强度。

（一）混凝土拌制设备

1. 搅拌机

混凝土搅拌机按照搅拌原理的不同，可分为自落式和强制式两类。

2. 搅拌站（楼）

搅拌站（楼）的特点是制备混凝土的全过程是机械化或自动化，生产量大，搅拌效率高，质量稳定，成本低，劳动强度低。搅拌站与搅拌楼的区别是搅拌站的生产能力较小，结构容易拆装，能组成集装箱转移地点，适用于施工现场；搅拌楼的体积大，生产效率高，只能作为固定式的搅拌装置，适用于产量大的商品混凝土供应。

搅拌站（楼）主要由物料供给系统、称量系统、控制系统和搅拌主机四大部分组成。

（1）物料供给系统

物料供给系统是指组合成混凝土的砂子、石、水泥、水等几种物料的堆积和提升系统。砂和石料的提升一般是以悬臂拉铲为主，另有少部分采用装载机上料，配以皮带输送机输送的方式。水泥则以压缩空气吹入散装的水泥筒仓，辅之以螺旋机和水泥秤供料。搅拌用水一般用水泵实现压力供水。

（2）称量系统

称量系统一般对砂石采用累积计量，水泥单独称量，搅拌用水采用定量水表计量。

（3）控制系统

控制系统一般有两种方式：①采用开关电路，继电器程序控制；②采用运算放大器电路，增加了配比设定，落实调整容量变换等功能。近几年，微机控制技术开始应用于搅拌站（楼）控制系统，从而提高了控制系统的可靠性。

（4）搅拌主机

搅拌主机的选择决定了搅拌站（楼）的生产率。自落式和强制式搅拌机均可作为搅拌站（楼）的搅拌机。

大型混凝土搅拌站有单阶式和双阶式两种。单阶式是指在生产工艺流程中集料经一次提升而完成全部生产过程；双阶式是指在生产工艺流程中集料经两次或两次以上提升而完成全部生产过程。单阶式搅拌站具有工作效率高、自动化程度高和占地面积小等优点，但一次投资较大。双阶式搅拌站的建筑物总高度较小，运输设备较简单，与单阶式搅拌站相比投资相对较少，生产效率和自动化程度较低，占地面积较大。

3. 混凝土工厂

集中进行混凝土生产的场地统称为混凝土工厂。混凝土工厂由砂石堆栈、水泥仓库和混凝土搅拌站等部分组成。为了保证混凝土的不间断生产，并能取得最好的经济效益，混凝土生产过程中的各部分工作，如砂、石、水泥和混凝土的装、卸、运输工作等，相互间一定要协调安排全面考虑。

混凝土工厂的位置可以参照以下三个条件进行安排。

（1）砂、石和水泥从卸料存储至搅拌使用之间的运距应最小，要尽量减少或避免工厂范围内的小搬运。

（2）混凝土搅拌站至灌筑地点的距离应最小。

（3）与材料加工及其运输有关的全部操作，遵循最直接的路线进行，且根据当地条件尽可能机械化。

（二）混凝土的搅拌

为拌制出均匀优质的混凝土，除合理选择搅拌机的类型外，还必须正确地确定搅拌制度，其内容包括进料容量、搅拌时间和投料顺序等。

1. 进料容量

进料容量是指搅拌前搅拌筒可容纳的各种原材料的累计体积，几何容量则是指搅拌筒内的几何容积。进料容量与几何容量的比值称为搅拌筒的利用系数，其值一般为 0.22 ~ 0.40。不同类型的搅拌机都有一定的进料容量，如果装料的松散体积超过额定进料容量的一定值（10% 以上）后，就会使搅拌筒内无充分的空间进行拌和，影响混凝土搅拌的均匀性。但数量也不易过少，否则会降低搅拌机的生产率。故一次投料量应控制在搅拌机的额定进料容量以内。

2. 搅拌时间

从原材料全部投入搅拌筒中时起，到开始卸料时止所经历的时间称为搅拌时间。为获得混合均匀、强度和工作性都能满足要求的混凝土，所需最低限度的搅拌时间称为最短搅拌时间。这个时间随搅拌机的类型与容量、骨料的品种、粒径和对混凝土的工作性能要求等因素的不同而异。一般情况下，混凝土的匀质性随着搅拌时间的延长而提高。但搅拌时间超过某一限度后，混凝土的匀质性便无明显改善了。搅拌时间过长，不但会影响搅拌机的生产率，而且对混凝土的强度提高也无益处、甚至由于水分的蒸发和较软骨料颗粒被长时间的研磨而破碎变细，还会引起混凝土工作性能的降低，影响混凝土的质量。不同类型搅拌机对不同混凝土的最短搅拌时间不同。对出料量大于 500 L 的强制式搅拌机，混凝土的最短搅拌时间为 1.5 min。

3. 投料顺序

确定原材料投入搅拌筒内的先后顺序，应综合考虑能否保证混凝土的搅拌质量，提高混凝土的强度，减少机械的磨损和混凝土的黏罐现象，减少水泥飞扬，降低电耗和提高生产率等多种因素。按原材料加入搅拌筒内的投料顺序不同，普通混凝土的搅拌方法可分为一次投料法、二次投料法和水泥裹砂法等。

三、混凝土的运输

（一）运输的基本要求

混凝土从搅拌站运到模板中，可能要进行水平运输、垂直运输和混凝土分配 3 部分工作。混凝土在运输过程中，应不发生离析分层、灰浆流失、坍落度变化和凝结等现象。混凝土运输的延续时间，从搅拌机倾出时开始，到振捣完毕停止，按《铁路混凝土与砌体工程施工规范》规定不得超过表 4–10 中的数值。

表 4–10　混凝土运输允许延续时间

从搅拌机倾出时的混凝土温度 / 无	运输允许延续时间 /min
20 ~ 30	45
10 ~ 19	60
5 ~ 9	90

（二）运输工具

混凝土运输工具的种类繁多，应根据结构物特点、混凝土灌筑量、运输距离、道路及现场条件等确定选用混凝土的运输工具。水平运距短时，可选用人力手推车、内燃翻斗车、轻便轨道人力翻斗车等；水平运距长时，可选用轨道牵引翻斗车或吊斗、汽车倾卸车、混凝土搅拌运输车等。混凝土的垂直运输可利用各种起重机械配合吊斗等容器来装运，选用起重机械时应考虑桥梁的施工高度和混凝土的运送条件。

四、混凝土的养护

混凝土的凝结与硬化是水泥水化反应的结果一，为使已浇筑的混凝土能获得所要求的物理力学性能，在混凝土浇筑后的初期，采取一定的工艺措施，建立适当的水化反应条件的工作称为混凝土的养护。由于温度和湿度是影响水泥水化反应速度和水化程度的两个主要因素，因此混凝土的养护就是对在凝结硬化过程中的混凝土进行温度和湿度的控制。

根据混凝土在养护过程中所处温度和湿度条件的不同，混凝土的养护一般可分为标准养护、自然养护和热养护混凝土在温度为（20 ± 3）℃和相对湿度为 90% 以上的潮湿环境或水中条件下进行的养护称为标准养护。在自然气候条件下，对混凝土采取相应的保湿、保温等措施所进行的养护称为自然养护 g 为了加速混凝土的硬化过程，对混凝土进行加热处理，将其置于较高温度条件下进行硬化的养护称为热养护。

（一）自然养护

在施工现场对混凝土进行自然养护时，根据所采取保湿措施的不同，可分为覆盖浇水养护和塑料薄膜保湿养护两类。

1. 覆盖浇水养护

覆盖浇水养护是在混凝土表面覆盖吸湿材料，采取人工浇水或蓄水措施，使混凝土表面保持潮湿状态的一种养护方法。所用的覆盖材料应具有较强的吸水保湿能力，常用的有麻袋、帆布、草帘、芒席、锯末等。

开始覆盖和浇水的时间一般在混凝土浇筑完毕后 3 ~ 12 h（根据外界气候条件的具体情况而定）即应进行，浇水养护日期的长短主要取决于水泥的品种和用量。在正常水泥用量情况下，采用硅酸盐水泥、普通硅酸盐水泥拌制的混凝土，不得少于 7 昼夜；掺用缓凝型外加剂或有抗渗性要求的混凝土，不得少于 14 昼夜。每日浇水次数视具体情况而定，以能保持混凝土经常处于足够的润湿状态即可，但当日平均气温低于 5℃时，不得浇水。

2. 塑料薄膜保湿养护

塑料薄膜保湿养护是用防蒸发材料将混凝土表面予以密封，阻止混凝土中的水分蒸发，使混凝土保持或接近饱水状态，保证水泥水化反应正常进行的一种养护方法。其与覆盖浇水养护法相比，可改善施工条件，节省人工，节约用水，保证混凝土的养护质量。根据所用密封材料的不同，塑料薄膜保湿养护又可分为塑料布养护和薄膜养护剂养护。

（二）蒸汽养护

热养护方法中最常用的是蒸汽养护法。在冬季施工或需要混凝土强度快速增长时，常采用蒸汽养护。蒸汽养护一般分为 4 个阶段：预护、升温、恒温和降温。预护是指混凝土浇筑完毕后在常温下凝固一段时间（3 ~ 4h）。升温速度与结构表面系数有关，一般每小时不得超过 10 ~ 15%；恒温时间视养护温度和要达到的强度而定，一般在 8 ~ 12 h。降温速度与升温速度相同，养护最高温度与水泥种类有关。《铁路混凝土与砌体工程施工规范》规定：当采用快硬硅酸盐水泥、硅酸盐水泥和普通硅酸盐水泥时，养护温度不得高于60℃。

混凝土强度在达到1.2 MPa以前不得在其表面上搭设脚手架、支架、模板等，亦不得来往通行：混凝土拆模时的强度应符合设计的要求。当设计未提出要求时，一般侧模拆除时混凝土强度应达到2.5 MPa；当混凝土强度大于设计强度的70%以后，方可拆除各种梁的底模。混凝土结构拆模期限，应根据模板是否受荷载而定，并要保证结构表面及棱角不因拆除模板而受到损坏。

对于混凝土预制梁一般都采用蒸汽养护，以提高强度增长速度，加快预制台座的周转，确保工期。现场浇筑的混凝土梁多采用自然养护，但冬期施工时一般采用热养护的方法。

第五章　绿色施工与建筑信息模型（BIM）

绿色节能建筑施工需要在传统的进度、质量、费用安全施工目标上考虑节能环保、以人为本、绿色创新等目标。目前国内绿色施工多以传统的施工流程为基础，存在管理模式落后、绿色建筑全寿命周期功能设计和成本考虑不足致使绿色建筑各阶段的方案优化、选择混乱的问题，给后期的运营维护增添很大负担。因此，对绿色建筑施工进行优化是很有必要的。在本章，我们将就绿色施工与建筑信息模型的相关内容进行介绍。

第一节　绿色施工

绿色节能建筑是指在建筑的全寿命周期内，最大限度地节约资源节能、节地、节水、节材、保护环境和减少污染，为人们提供健康、适用和高效的使用空间，与自然和谐共生的建筑。如今，快速的城市化进程、巨大的基础建设量、自然资源及环境的限制决定了中国建筑节能工作的重大意义和时间紧迫性，因此建筑工程项目由传统高消耗发展向高效型发展模式已成为大势所趋，而绿色建筑的推进是实现这一转变的关键所在。绿色节能建筑施工，符合可持续发展战略目标，有利于革新建筑施工技术，最大化地实现绿色建筑设计、施工和管理，以便获取更加大的经济效益、社会效益和生态效益，优化配置施工过程中的人力、物力、财力，这对于提升建筑施工管理水平，提高绿色建筑的功能成本效益大有裨益。

一、绿色施工面临的问题

（一）绿色节能建筑施工特点

绿色建筑施工与传统施工相比，存在相同点，但从功能性方面和全寿命周期成本方面的要求有很大不同。对比传统施工结合国内外文献和绿色施工案例。分析其相同点，并从施工目标、成本降低出发点、着眼点、功能设计、效益观以及效果六个方面分析两者的差异，可以看出绿色建筑施工在建筑功能设计以及成本组成上考虑了绿色环保以及全寿命周期及可持续发展的因素，在与传统施工的异同点对比的基础上，绿色施工四个特点：

1. 以客户为中心，在满足传统目标的同时，考虑建筑的环境属性

传统建筑是以进度、质量和成本作为主要控制目标，而绿色建筑的出发点是节约资源、保护环境，满足使用者的要求，以客户的需求为中心，管理人员需要更多地了解客户的需求、偏好、施工过程对客户的影响等，此处的客户不仅仅包括最终的使用者，还包括潜在的使用者、自然等。传统建筑的建造和使用过程中消耗了过多的不可再生资源，给生态环境带来了严重污染，而绿色建筑正因此在传统建筑施工目标上基础上，优先考虑建筑的环境属性，做到节约资源，保护环境，节省能源，讲究与自然环境和谐相处，采取措施将环境破坏程度降到最低，进行破坏修复，或将不利影响转换为有利影响；同时为客户提供健康舒适的生活空间，以满足客户体验为另一目标。最终的绿色建筑不仅要交付一个舒适、健康的内部空间，也要制造一个温馨、和谐的外部环境，最终追求“天人合一”的最高目标。

2. 全寿命周期内，最大限度利用被动式节能设计与可再生能源

不同于传统的建筑，绿色建筑是针对建筑的全寿命周期范围，从项目的策划、设计、施工、运营直到筑物拆除保护环境、与自然和谐相处的建筑。在设计时提倡被动式建筑设计，就是通过建筑物本身来收集、储蓄能量使得与周围环境形成自循环的系统。这样能够充分利用自然资源，达到节约能源的作用。设计的方法有建筑朝向、保温、形体、遮阳、自然通风采光等等。现在节能建筑的大力倡导，使得被动式设计不断被提及，而研究最多的就是

被动式太阳能建筑。在建筑的运营阶段如何降低能耗、节约资源，能源是最为关键的问题，这就需要尽量使用可再生的能源，做到一次投入，全寿命期内受益，例如将光能、风能、地热等合理利用。

3. 注重全局优化，以价值工程为优化基础保证施工目标均衡

绿色建筑从项目的策划、设计、施工、运营直到筑物拆除过程中追求的是全寿命周期范围内的建筑收益最大化，是一种全局的优化，这种优化不仅仅是总成本的最低，还包括社会效益和环境效益，如最小化建筑对自然环境的负面影响或破坏程度，最大化环保效益、社会示范效益。绿色施工虽然可能导致施工成本增大，但从长远来看，将使得国家或相关地区的整体效益增加。绿色施工做法有时会造成施工成本的增加，有时会减少施工成本。总体来说，绿色施工的综合效益一定是增加的，但这种增加也是有条件的，建设过程有各种各样的约束，进度、费用、环保等要求，因此需要以价值工程为优化基础保证施工目标均衡。

4. 重视创新，提倡新技术、新材料、新器械的应用

绿色建筑是一个技术的集成体，在实施过程中会遇到诸如规划选址合理、能源优化、污水处理、可再生能源的利用、管线的优化、采光设计、系统建模与仿真优化等的技术问题。相对于传统建筑，绿色节能建筑在技术难度、施工复杂度，以及风险把控上都存在很大的挑战。这就需要建筑师和各个专业的工程师共同合作，利用多种先进技术、新材料及新器械，以可持续发展为原则，追求高效能、低能耗将同等单位的资源在同样的客观条件下，发挥出更大的效能。国内外实践中应用较好的技术方法有 BIM、采光技术、水资源回收利用等技术。这些新技术应用可以提高施工效率，解决传统施工无法企及的问题。因此，绿色施工管理需要理念上的转变，也还需要施工工艺和新材料、新设施等的支持。施工新技术、材料、机械、工艺等的推广应用不仅能够产生好的经济效益，而且能够降低施工对环境的污染，创造较好的社会效益和环保效益。

（二）绿色节能建筑施工关键问题

从绿色节能建筑的特点可以看出绿色节能建筑施工是在传统建筑施工的基础上加入了绿色施工的约束，可以将绿色施工作为一个建筑施工专项进行策划管理。根据绿色施工的特点、绿色施工案例和文献，结合 LEED 标准及建设部《绿色施工导则》等标准梳理出绿色节能建筑施工关键问题，这些问题是现在施工中不曾考虑的，也是要在以后的施工中予以考虑的。因此本书将这些绿色管理内容进行汇总，从全寿命周期的角度进行划分，分为概念阶段的绿色管理、计划阶段的绿色管理，施工阶段的绿色管理以及运营阶段的绿色管理。

1. 概念阶段的绿色管理

项目的概念阶段是定义一个新的项目或者既有项目开展的一个变更的阶段。在绿色施工中，依据“客户第一，全局最优的”理念，可以将绿色施工概念阶段的绿色管理工作分成 4 部分。首先，需要依据客户的需求制作一份项目规划，将项目的意图、大致的方向确定下来；然后，由业主制定一套项目建议书，其中绿色管理部分应包含建筑环境评价的纲要、制定环境评价的标准、施工方依据标准提供多套可行性方案；第三，业主组织专家做好可行性方案的评审，对于绿色管理内容，一定要做好项目环境影响评价，并从中选出一套可行方案；最后，业主需要确定项目范围，依据项目范围做好项目各项计划，包括绿色管理安排，另外设定目标，建立目标的审核与评价标准。该阶段以工程方案的验收为关键决策点，交付物为功能性大纲、工程方案及技术合同、项目可行性建议书、评估报告及贷款合同等。

2. 计划阶段的绿色管理

当项目论证评估结束，并确定项目符合各项规定后，开始进入计划阶段，需要将工程细化落实，但不仅仅是概念阶段的细化，它更是施工阶段的基础。此阶段需要做好三方面工作：第一，征地、拆迁以及招标；第二，选择好施工、设计、监理单位，并邀请业主、施工单位、监理单位有经验的专家参与到设计工作中，组织设计院对项目各项指标参数进行图纸及模型化，并做好相应管理计划，包括：资源、资金、质量、进度、风险、环保等计划，此过程会发生变更，各方须做好配合和支持工作，组织专家对设计院提交的设计草图和施工图进行审核；第三，做好项目团队的组建，开始施工准备，做好“七通一平”（通电、通水、通路、通邮、通暖气、通讯、通天然气以及场地平整）。此阶段以施工图及设计说明书的批准为关键决策点，交付物为项目的设计草图、施工图、设计说明书以及项目人员聘用合同。

3. 施工阶段的绿色管理

在设计阶段评审合格后，需要将图纸和模型具体化，进行建造施工以及设备安装。施工方应组织工程主体施工并与供应商进行设备安装。此时，主要责任部门为施工方，设计部门做好配合和支持工作，业主与监理部门做好工程建设过程的监督审核，并做好变更管理和过程控制。此阶段是资源消耗与污染产生最多的阶段，因此在此阶段施工单位需采取四项重要措施：第一，建立绿色管理机制；第二，做好建筑垃圾和污染物的防治和保护措施；第三，使用科学有效的方法尽可能高得利用能源；第四，业主与监理部门做好工程建设过程的跟踪、审核、监督与反馈，特别是对绿色材料的应用以及污染物的处理。此阶段以建安项目完工验收为关键决策点，交付物为建安工程主要节点的验收报告以及符合标准的建筑物、构筑物及相应设备。

4. 运营阶段的绿色管理

运营维护阶段是绿色节能建筑经历最长的阶段。建安项目结束后，需要对仪器进行调试，培训操作人员，业主应组织原材料，与工程咨询机构配合，做好运营工作；当建筑到达设计寿命期限，需要做好拆除以及资源回收的工作；在工程运行数年之后按照要求进行后评价，具体是三级评价即自评、同行评议以及后评价，目的是提炼绿色节能建筑施工运营工作中的最佳实践，进一步提升管理能力，为以后的绿色建筑建设运营做先导示范作用。此阶段交付物为工程中试的技术、系统成熟度检验报告，三级后评价报告，维管合同、拆除回收计划、符合标准要求的建筑物、构筑物、设备、生产流程，以及懂技术、会操作的工作人员。

二、基于BIM及价值工程的施工流程优化

（一）绿色施工流程优化

从目前绿色施工企业面临的现状及问题可以看出，当前绿色建筑施工对绿色节能建筑全寿命周期功能性设计和成本方面要求考虑不足，在绿色环保以及全寿命周期及可持续发展因素上有待加强，在接到甲方提供的建筑需求图纸和绿色功能要求能否实施，材料、方案能否可以应用，经济功能否满足需求这些都是有待考证的。引入这些施工要素势必引起施工成本增加、流程变复杂，施工周期、风险也相应会加大，如何在多重约束下实现绿色目标是需要权衡成本和功能的，并且在方案确定之后由于甲方在建筑性能及结构上的独特需求，往往造成方案施工难度大，稍有不慎又会引起返工高昂的造价费用。因此，前期在初步设计接到概念性的设计图纸之后就对拟选用的方案做好全寿命周期功能及成本平衡分析，从设计源头就选择功能成本相匹配的方案，基于此在以后的设计阶段不断增加设

计深度，在施工图纸出具之后在施工前，对设计进行深化，提高专业的协同、模拟施工组织安排，合理处置施工的风险，减少施工返工、保障施工一步到位，可以对绿色施工目前面临的重视施工阶段、缺乏合理的功能成本分析以及施工流程与绿色认证要求不匹配问题进行应对。

现有的施工流程中缺少方案选择和设计深化部分，可以考虑在整个管理流程上分别增加环节，重点是在初设阶段引入方案的选择与优化，鉴于价值工程强大的成本分析、功能分析、新方案创造及评估的作用以及国际上 60 余年实践中低投入高回报的优势，从绿色建筑全寿命期的角度入手给出功能定义和全寿命周期成本需要考虑的主要因素，利用价值工程在多目标约束下均衡选优的作用，对业主提供的绿色施工方案从全寿命周期的功能与成本分析，做到从最初阶段入手，提高项目方案优化与选择的效率和效益，同时也可以利用方案选择与优化的过程与结果说服甲方和设计方，可作为变更方案的依据。

尽管通过方案优化选择确定施工方案后由于建筑结构复杂性、施工难度

等问题使得传统施工不能发挥很好的作用，可以在施工前加入方案的深度优化，利用 BIM 强大的建模、数字智能和专业协同性能，进行专业协同、用能模拟，施工进度模拟等对施工方案进行深化，合理安排施工。最后将管理向运营维护阶段延伸，最终移交的不单单是建筑本身，相应的服务、培训、维修等工作也要跟上，对施工流程的优化，虚框的内容是添加的流程。需要说明的是，价值工程及 BIM 的应用可以贯穿全寿命周期，只是初步设计阶段之后和施工前是价值工程和 BIM 最重要的应用环节，因此将这两个环节加入原有的施工流程。以下对添加的方案优化与选择环节和 BIM 对设计的深度优化环节做重点介绍。

（二）基于价值工程的施工流程优化

在初步设计施工企业接到概念性的设计图纸之后就需要对拟选用的方案做好全寿命周期功能及成本平衡分析，从设计源头就选择功能成本相匹配的方案，基于此在以后的设计阶段不断增加设计深度。价值工程的主要思想是整合现有资源，优化安排以获得最大价值，追求全寿命期内低成本高效率，专注于功能提升和成本控制，利用量化思维，将无法度量的功能量化，抓住和利用关键问题和主要矛盾，整合技术与经济手段，系统地解决问题和矛盾，在解决绿色建筑施工多目标均衡、提升全寿命期内建筑的功能和成本效率以及选择新材料新技术上有很好的实践指导作用。因此可以在绿色施工的概念设计出具之后增加新的流程环节，组织技术经济分析小组对重要的方案进行价值分析，寻求方案的功能与成本均衡。价值工程在方案优化与选择环节中主要用途为：挑选出价值高、意义重大的问题，予以改进提升和方案比较、优选。其流程为：第一，确定研究对象；第二，全寿命周期功能指标及成本指标定义；第三，恶劣环境下样品试验；第四，价值分析；第五，方案评价及选择。

（三）绿色节能建筑施工流程优化应用

鉴于 BIM 技术强大的建模、数字智能和专业协同性能以及国际上 10 余年工程建设实践中低投入高回报的优势，BIM 在追求全寿命期内低成本高效率，专注于功能提升和成本控制，利用量化思维，将细节数据全部展现出来，其目标以最小投入获得最大功能，这与绿色建筑施工的追求寿命期内建筑功能和成本均衡、引用新技术特点是相一致的，因此可以将BIM技术作为绿色施工中的一项新技术在施工图纸出具之后施工开始之前引入施工中，在施工流程中增加一个设计深化的流程环节，组织BIM工作小组，将施工设计进行深度优化，保障施工顺利进行。

第二节 建筑信息模型（BIM）

建筑信息模型是参数化的数字模型，能够存储建筑全生命周期的数据信息，应用范围涵盖了整个AEC行业。BIM技术大大提高了建筑节能设计的工作效率和准确性，一定程度上减少了重复工作，使得工程信息共享性显著提高。但是，相关BIM软件间互操作性较差，不同软件采用不同的数据存储标准，在互操作时信息丢失严重，形成信息孤岛。建立开放统一的建筑信息模型数据标准是解决信息共享中“信息孤岛”问题的有效途径。

一、基于BIM技术的绿色建筑分析

（一）国内外绿色建筑评价标准

1. 国外绿色建筑评价标准

随着社会经济的发展，人们对环境特别是居住的舒适性提出了更高的需求，绿色建筑的发展越来越受到人们的关注，绿色评价体系也随之出现。就目前已经出台的评价体系有LEED体系、BREEAM体系、C体系、CAS BEE体系以及我国的绿色建筑评价体系。

（1）英国BREEAM绿色建筑评价体系

BREEAM体系由九个评价指标组成，并有相应权重和得分点，其中“能源”所占比例最大。所有评价指标的环境表现均是全球、当地和室内的环境影响，这种方法在实际情况发生变化时不仅有利于评价体系的修改，也

有易于评价条款的增减。BREEAM 评定结果分为四个等级，即“优秀”“良好”“好”“合格”四项。这种评价体系的评价依据是全寿命周期，每一指标分值相等且均需进行打分，总分为单项分数累加之和，评价合格由英国建筑研究机构颁发证书。

（2）美国 LEED 绿色建筑评价体系

LEED 评价体系由美国绿色建筑委员会（USC）制定的，对建筑绿色性能评价基于建筑全寿命周期，LLED 评价体系的认证范围包括新建建筑、住宅、学校、医院、零售、社区规划与发展、既有建筑的运维管理，这五个五认证范围都是从五大方面进行分析，包括：可持续场地、水资源保护、能源与大气、材料与资源、室内环境质量。LEED 绿色评价体系较完善，未对评价指标设置权重，采用得分直接累加，大大简化了操作过程。LEED 评价体系的评价指标包括室内环境质量、场地、水资源、能源及大气、材料资源和设计流程的创新。LEED 评价体系满分 69 分，分为合格（26 ~ 32）、银质（33 ~ 38）、金质（39 ~ 51）、白金（52 分以上）四类。

（3）德国 DGNB 绿色建筑评价体系

德国 DGNB 绿色建筑评价体系是政府参与的可持续建筑评估体系，该评价体系由德国交通部、建设与城市规划部以及德国绿色建筑协会发起制定，具有国家标准性质和较高的权威性。DGNB 评价体系是德国在建筑可持续性方面的结晶，DGNB 绿色建筑评价标准体系有以下特点：第一，将保护群体进行分类，明确的保护对象包括自然环境资源、经济价值、人类健康和社会文化影响等。第二，对明确的保护对象制定相应的保护目标，分别是保护环境、降低建筑全生命周期的能耗值以及保护社会环境的健康发展。第三，以目标为导向机制，把建筑对经济、社会的影响与生态环境放到同等高度，所占比例均为 22.5%。DGNB 体系的评分规则详细，每个评估项有相应的计算规则和数据支持，保证了评估的科学和严谨，评估结果分为金、银、铜三级，> 50% 为铜级，> 65% 为银级，> 80% 为金级。

2. 国内绿色建筑评价标准

我国绿色建筑评价标准相比其他发达国家起步较晚，由当时的建设部发布我国第一版《绿色建筑评价标准》，绿色建筑评价体系是通过对建筑从可行性研究开始一直到运维结束，对建筑全寿命周期进行全方位的评价，主要考虑建筑资源节约、环境保护，材料节约、减少环境污染和环境负荷方面，最大限度地节能、节水、节材和节地。

近几年我国绿色建筑发展迅速，绿色建筑的内涵和范围不断扩大，绿色建筑的概念及绿色建筑技术不断地推陈出新，旧版绿色建筑评价标准体系存在一些不足，可概括为三个方面：第一，不能全面考虑建筑所处地域差异；第二，项目在实施及运营阶段的管理水平不足；第三，绿色建筑相关评价细则不够针对性。基于上述情况，住房和城乡建设部颁布新版《绿色建筑评价标准》。新版《绿色建筑评价标准》借鉴了国际上比较先进的绿色建筑评价体系，在评价的准确性、可操作性、评价的覆盖范围及灵活性等几个方面都有了较大的进步，同时考虑我国目前的实际情况，增加对管理方面的考虑，在灵活性和可操作性方面均有所提升。

3. 绿色建筑评价指标体系

《绿色建筑评价标准》的评价体系，建立 BIM 指标体系需将《绿色建筑评价标准》中条文数字化，标准中条文可分为两种数据类型：布尔型（假或真）、数值型。数值型标准如标准 4.1.4 规定：建筑规划布局应满足日照要求，且不得降低周边建筑日照标准；4.2.6 规定：场地内风环境有利于室外行走、活动舒适和建筑的自然通风，建筑周围人行区域风速小于 5 m/s，除第一排建筑外，建筑迎风与背风表面风压不大于 5 Pa，场地内人活动区域不出现涡旋，50% 以上可开启窗内外风压差不大于 0.5 Pa；公共建筑房间采光系数满足现行国家标准《建筑采光设计标准》中办公室采光系数不低于 2% 建筑朝向宜避开冬季主导风向，考虑整体热岛效应，有利于通风等相关指标均可以通过 BIM 模型与分析软件通过互操作实现。

（二）基于 BIM 技术绿色建筑分析方法

1. 传统绿色建筑分析流程

通过对传统的建筑设计流程和建筑绿色性能评价流程的分析，传统的建筑绿色性能评价通常是在建筑设计的后期进行分析，模型建立过程烦琐，互操作性差，分析工具和方法专业性较强，分析数据和表达结果不够清晰直观，非专业人员识读困难。

可以看出，传统分析开始于施工图设计完成之后，这种分析方法不能在设计早期阶段指导设计。若设计方案的绿色性能分析结果不能达到国家规范标准或者业主要求，会产生大量的修改甚至否定整个设计方案，对建筑设计成果的修改只能以“打补丁”进行，且会增加不必要的工作和设计成本。传统的建筑绿色性能分析方法的主要矛盾表现在以下几个方面：（1）建筑绿色分析数据分析量较大，建筑设计人员需借助一定的辅助工具；（2）初步设计阶段难以进行快速的建筑绿色性能分析，节能设计优化实施困难；（3）建筑绿色性能分析的结果表达不够直观，需专业人士进行解读，不能与建筑设计等专业人员协同工作；（4）分析模型建立过程烦琐，且后续利用较差。

2. 基于 BIM 技术绿色建筑分析流程

基于 BIM 技术的建筑绿色性能分析与建筑设计过程具有一定的整合性，将建筑设计过与绿色性能分析协同进行，从建筑方案设计开始到项目实施结束，全程参与整个项目中，设计初期通过 BIM 建模软件建立 3D 模型，同时 BIM 软件与绿色性能分析软件具有互操作性，可将设计模型简化后通过 IFC、XML 格式文件直接生成绿色分析模型。

根据前面章节内容总结 BIM 技术分析流程与传统分析流程相比，基于 BIM 技术的建筑绿色性能分析流程具有以下特点：

（1）首先体现在分析工具的选择上面，传统分析工具通常是 DOE-2、PKPM 等，这些软件建立的实验模型往往与实物存在一定的差异，分析项目有限。基于 BIM 技术的绿色分析通过软件间互操作性生成分析模型。

（2）整个设计过程在同一数据基础上完成，使得每一阶段均可直接利用之前阶段的成果，从而避免了相关数据的重复输入，极大地提高了工作效率。

（3）设计信息能高效重复使用，信息输入过程实现自动化，操作性好。模拟输入数据的时间极大缩短，设计者通过多次执行“设计、模拟评价、修正设计”这一迭代过程，不断优化设计，使建筑设计更加精确。

（4）BIM 技术是由众多软件组成，且这些软件间具有良好的互操作性能，支持组合采用来自不同厂商的建筑设计软件、建筑节能设计软件和建筑设备设计软件，从而使设计者可得到最好的设计软件的组合。此外，基于 BIM 技术的绿色性能分析的人员参与，模型建立、分析结果的表达及分析模型的后续利用与传统方法有根本的不同。

3.BIM 模型数据标准化问题

绿色建筑的评价需依靠一套完整的评价流程和体系，BIM 技术在绿色建筑分析方面有一定优势，但是在绿色建筑分析过程中涉及多种软件，各软件采用的数据格式不尽相同。因此，分析过程中涉及软件互操作问题，目前软件间存在信息共享难、不同绿色建筑分析软互操作性差和分析效率低等问题。本书选取了几种常用的绿色建筑分析软件，分析了不同软件所能支持的典型数据格式，以及不同数据格式的互操作性问题。

二、基于IFC标准的绿色建筑信息模型

（一）IFC 标准概述

Building SMART 在 1997 年 1 月发布了第一个版本的 IFC 标准 IFC 1.0。IFC 是一个开放的、标准化的、支持扩展的通用数据模型标准，目的是使建筑信息模型（BIM）软件在建筑业中的应用具有更好数据的交换性和互操作性。IFC 标准的 BIM 模型能将传统建筑行业中的典型的碎片化的实施模式和各个阶段的参与者联系起来，各阶段的模型能够更好地协同工作和信息共享，能够减少项目周期内大量的冗余工作。随着技术进步和研究的加深，IFC 的发展始终处在一个动态的、不断趋于完善的环境中，经历了 1.0、1.5、2.0、2×、2×2、2×3、4.0 七次大的版本更新，2005 年被 ISO 收录为国际标准，标准号为 ISO-PAS 16739，目前最新的版本是 IFC4.0。

此外，IFC 模型采用了严格的关联层级结构，包括四个概念层。从上到下分别是领域层（Domain Layer），描述各个专业领域的专门信息，如建筑学、结构构件、结构、分析、给水排水、暖通、电气、施工管理和设备管理

等；共享层（Interoperability Layer），描述各专业领域信息交互的问题，在这个层次上，各个系统的组成元素细化；核心层（Core Layer），描述建筑工程信息的整体框架，将信息资源层的内容用一个整体框架组织起来，使其相互联系和连接，组成一个整体，真实反映现实世界的结构；资源层（Resource Layer），描述标准中可能用到的基本信息，作为信息模型的基础服务于整个 BIM 模型。

IFC 标准在描述实体方面具有很强的表现能力，是保证建筑信息模型（BIM）在不同的 BIM 工具之间的数据共享性方面的有效手段。IFC 标准支持开放的互操作性建筑信息模型能够将建筑设计、成本、建造等信息无缝共享，在提高生产力方面具有很大的潜力。但是，IFC 标准涵盖范围广泛部分实体定义不够精确，存在大量的信息冗余，在保证信息模型的完整性和数据交换的共享程度方面仍不能够满足工程建设中的需求。因此对特定的交换模型清晰的定义交换需求、流程图或者功能组件中所包含的信息，应制定标准化的信息交付手册（IDM），然后将这些信息映射成为 IFC 格式的 MVD 模型，从而保证建筑信息模型数据的互操作性。

随着 IFC 版本的不断更新，IFC 的应用范围也在不断地扩大。IFC2.0 版本可以表达建筑设计、设施管理、建筑维护、规范检查、仿真分析和计划安排等六个方面的信息，IFC2×3 作为最重要的一个版本，其覆盖的内容进一步扩展，增加了 HVAC、电气和施工管理等三个领域，伴随着覆盖领域的扩展，IFC 架构中的实体数量也在不断补充完善，IFC 中实体数量的变化情况，最新的 IFC4 中共有 766 个实体，比上一版本的 IFC 2×3 多 113 个实体。FC4 在信息的覆盖范围上面有较大的变化，着重突出了有关绿色建筑和 GIS 相关实体。对在绿色建筑信息集成方面的对应实体问题，在 IFC4 中通过扩展相关实体有所改善，新增的实体可以使得 IFC 的建筑信息模型在绿色建筑信息与 XML 在信息共享程度有所改善。

（二）IFC 标准应用方法

IFC 标准是一个开放的、具有通用数据架构和提供多种定义和描述建筑构件信息的方式，为实现全寿命周期信息的互操作性提供了可能。正因为 IFC 的这用特性，使其在应用过程中存在高度的信息冗余，在信息的识别和准确获取存在一定的困难。我们可以用标准化的 IDM 生成 MVD 模型提高 BIM 模型的灵活性和稳定性。针对建筑绿色性能分析数据的多样性和信息共享存在的问题，XML 标准能够较好地实现建筑绿色性能分析数据的共享，对 IFC 在建筑绿色性能分析中共软件互操作性差的问题，也可尝试将 IFC 标准数据转换成 XML 格式提高互操作性。

MVD（Model View Definition）是基于 IFC 标准的子模型，这个子模型定义所需要的信息由面向的用户和所交换的工程对象决定。模型视图定义是建筑信息模型的子模型，是具有特定用途或者针对某一专业的信息模型，包含本专业所需的全面部信息。生成子模型 MVD 时首先要根据需求制定信息交付手册（Information Delivery Manual），一个完整的 IDM 应包括流程图（Process Map）、交换需求（Exchange Requirements）和功能组件（Functional Parts），其制定步骤可以概括为三步：第一，确定应用实例情况的说明，明确应用目标过程所需要的数据模型；第二，模型交换信息需求的收集整理和建立模型，从另一方面说，第一步的案例说明可以包括在模型交换需求收集和建模中去，与其相对应的步骤就是明确交换需求（Exchange Requirements），交换需求是流程图（Process Map）在模型信息交换过程中的数据集合；第三，在明确需求的基础上更加清晰地定义交换需求、流程图或者功能组件中所包含的信息，然后将这些信息映射成为 IFC 格式的 MVD 模型。

美国国家建筑信息模型标准 NB IMS 中，对生成 MVD 模型可以总结为四个核心过程，即：计划阶段、设计阶段、建造阶段和实施阶段。计划阶段首先是建立工作组，明确所需的信息内容，制定流程图和信息交换需求。设计阶段根据计划阶段制定的 IDM 形成信息模块集，进而形成 MVD 模型。建造阶段将上一步的模型转换成基于 IFC 的模型，通过应用反馈修改完善模型。部署阶段是形成标准化的 MVD 生成流程，同时检验其完整性。另外一种生成 MVD 模型的方法是扩展产品建模过程，Extended Process to Product Modeling 是在 BPPM 改进的基础上形成的。

BPPM 被认定为 IDM 标准流程，xPPM 方法从三个方面改善 MVD 的生成：第一，只用 BPPM 中流程图的部分符号代替全图符号。第二，弱化 IDM 与 MVD 模型之间的差别。第三，用 XML 文件代替文档文件存储交换需求、功能组件和 MVD 模型。

第三节　绿色BIM

一、绿色建筑的相关理论研究

（一）绿色建筑的概念

目前，在我国得到专业学术领域和政府、公众各层面上普遍认可的“绿色建筑”的概念是由建设部发布的《绿色建筑评价标准》中给出的定义，即“在建筑的生命周期内，最大限度地节约资源（节能、节地、节水、节材）、保护环境和减少污染，为人们提供健康、适用和高效的使用空间，与自然和谐共生的建筑”。

绿色建筑相对于传统建筑的特点：①绿色建筑相比于传统建筑，采用先进的绿色技术，使能耗大大降低；②绿色建筑注重建筑项目周围的生态系统，充分利用自然资源，光照、风向等，因此没有明确的建筑规则和模式。其开放性的布局较封闭的传统建筑布局有很大的差异；③绿色建筑因地制宜，就地取材。追求在不影响自然系统的健康发展下能够满足人们需求的可持续的建筑设计，从而节约资源，保护环境④绿色建筑在整个生命周期中，都很注重环保可持续性。

（二）绿色建筑设计原则

绿色建筑设计原则概括为地域性、自然性、高效节能性、健康性、经济性等原则。

1. 地域性原则

绿色建筑设计应该充分了解场地相关的自然地理要素、生态环境、气候要素、人文要素等方面，并对当地的建筑设计进行考察和学习，汲取当地建筑设计的优势，并结合当地的相关绿色评价标准、设计标准和技术导则，进行绿色建筑的设计。

2. 自然性原则

在绿色建筑设计时，应尽量保留或利用原本的地形、地貌、水系和植被等，减少对周围生态系统的破坏，并对受损害的生态环境进行修复或重建，在绿色建筑施工过程中，如有造成生态系统破坏的情况下，需要采用一些补偿技术，对生态系统进行修复，并且充分利用自然可再生能源，如光能、风能、地热能等。

3. 高效节能原则

在绿色建筑设计体形、体量、平面布局时，应根据日照、通风分析后，进行科学合理的布局，以减少能源的消耗。还有尽量采用可再生循环、新型节能材料，和高效的建筑设备等，以便降低资源的消耗，减少垃圾，保护环境。

4. 健康性原则

绿色建筑设计应全面考虑人体学的舒适要求，并对建筑室外环境的营造和室内环境进行调控，设计出对人心理健康有益的场所和氛围。

5. 经济原则

绿色建筑设计应该提出有利于成本控制的、具有经济效益的、可操作性的最优方案，并根据项目的经济条件和要求，在优先采用被动式技术前提下，完成主动式技术和被动式技术相结合，以使项目综合效益最大化。

（三）绿色建筑设计目标

目前，对绿色建筑普遍认同的认知是，它不是一种建筑艺术流派，不是单纯的方法论，而是相关主体（包括业主、建筑师、政府、建造商、专家等）在社会、政治、文化、经济等背景因素下，试图进行的自然与社会和谐发展的建筑表达。

观念目标是绿色建筑设计时，要满足减少对周围环境和生态的影响；协调满足经济需求与保护生态环境之间的矛盾；满足人们社会、文化、心理需求等结合环境、经济、社会等多元素的综合目标。

评价目标是指在建筑设计、建造、运营过程中，建筑相关指标符合相应地区的绿色建筑评价体系要求，并获取评价标识。这是当前绿色建筑作为设计依据的目标。

（四）绿色建筑设计策略分析

绿色建筑在设计之前要组建绿色建筑设计团队，聘请绿色建筑咨询顾问，并让绿色咨询顾问在项目前期策划阶段就参与到项目，并根据《绿色建筑评价标准》进行对绿色建筑的设计优化。绿色建筑设计策略如下：

第一，环境综合调研分析，绿色建筑的设计理念是与周围环境相融合，在设计前期就应该对项目场地的自然地理要素、气候要素、生态环境要素人工等要素进行调研分析，为设计师采用被动适宜的绿色建筑技术打下好的基础。

第二，室外环境绿色建筑在场地设计时，应该充分与场地地形相结合，随坡就势，减少没必要的土地平整，充分利用地下空间，结合地域自然地理条件合理进行建筑布局，节约土地。

第三，节能与能源利用：①控制建筑体形系数，在以冬季采暖的北方建筑里，建筑体型系数越小建筑越节能，所以可以通过增大建筑体量、适当合理地增加建筑层数、或采用组合体体形来实现。②建筑围护结构节能，采用节能墙体、高效节能窗，减少室内外热交换率；采用种植屋面等屋面节能技术可以减少建筑空调等设备的能耗。③太阳能利用，绿色建筑太阳能利用分为被动式和主动式太阳能利用，被动式太阳能利用是通过建筑的合理朝向、窗户布置和吊顶来捕捉控制太阳能热量；而主动式太阳能利用是系统采用光伏发电板等设备来收集、储存太阳能来转化成电能。④风能的利用，绿色建筑风能利用也分为被动式和主动式风能利用，被动式风能利用是通过合理的建筑设计，使建筑内部有很好的室内室外通风；主动式风能利用是采用风力发电等设备。

第四，节水与水资源利用：①节水，采用节水型供水系统，建筑循环水系统，安装建筑节水器具，如节水水龙头、节水型电器设备等来节约水资源。②水资源利用，采用雨水回收利用系统，进行雨水收集与利用。在建筑区域屋面、绿地、道路等地方铺设渗透性好的路砖，并建设园区的渗透井，配合渗透做法收集雨水并利用。

第五，节材与材料利用，采用节能环保型材料、采用工业、农业废弃料制成可循环再利用的材料。

第六，室内环境质量，进行建筑的室内自然通风模拟、室内自然采光模拟、室内热环境模拟、室内噪声等分析模拟。根据模拟的分析结果进行建筑设计的优化与完善。

二、BIM技术相关标准

BIM 技术的核心理念是，基于三维建筑信息模型，在建筑全生命周期内各个专业协同设计，共享信息模型，提高工作效率。为了方便相关技术、管理人员共享信息模型，大家需要统一信息标准，BIM 标准可以分成三类：分类编码标准、数据模型标准、过程标准。

（一）分类编码标准

分类编码标准是规定建筑信息如何进行分类的标准，在建筑全生命周期中会产生大量不同种类的信息，为了提高工作效率，需要对信息进行的分类，开展信息的分类和代码化就是分类编码标准不可缺少的基础技术。现在我国采用的分类编码标准，是对建筑专业分类的《建筑产品分类和编码》和用于成本预算的工程量清单计价规范《建设工程清单计价规范》。

（二）数据模型标准

数据模型标准是交换和共享信息所采用的格式的标准，目前国际上获得广泛使用的包括 IFC 标准、XML 标准和 CIS/2 标准，我国采用 IFC 标准的平台部分作为数据模型的标准。

IFC 标准是开放的建筑产品数据表达与交换的国际标准，其中 IFC 是 Industry Foundation Classes 的缩写。IFC 标准现在可以被应用到整个的项目全生命周期中，现今建筑项目从勘察、设计、施工到运营的 BIM 应用软件都支持 IFC 标准。

XML 是 The Green Building XML 的缩写。XML 标准的目的是方便在不同 CAD 系统的，基于私有数据格式的数据模型之间传递建筑信息，尤其是为了方便针对建筑设计的数据模型与针对建筑性能分析应用软件及其对应的私有数据模型之间的信息交换。

CIS/2 标准是针对钢结构工程建立的一个集设计、计算、施工管理及钢材加工为一体的数据标准。

（三）过程标准

过程标准是在建筑工程项目中，BIM 信息的传递在不同阶段、不同专业产生的模型标准。过程标准主要包含 IDM 标准、MVD 标准以及 IFD 标准。

第四节　BIM技术的推广

建筑信息模型是应用于建筑行业的新技术，为建筑行业的发展提供了新动力。但是由于 BIM 技术在我国发展比较晚，国内建筑行业没有规范的 BIM 标准，技术条件的局限性，中国建筑业 BIM 技术的应用推广遇到了阻碍，很难进一步研究与发展，需要政府制定相应政策推动其发展。本节分析了国内建筑行业 BIM 技术的应用现状，对 BIM 技术的特点进行了讨论，寻找限制 BIM 技术应用的主要阻碍因素，并制定出相关的解决方案，为推动 BIM 技术在国内建筑业应用提供指导。

一、项目管理中BIM技术的推广

（一）BIM技术的综述

1.BIM技术的概念

BIM其实就是指建筑信息模型，它是以建筑工程项目的相关图形和数据作为其基础而进行模型的建立，并且通过数字模拟建筑物所具有的一切真实的相关的信息。BIM技术是一种应用于工程设计建造的数据化的一种典型工具，它能够通过各种参数模型对各种数据进行一定的整合，使得收集的各个信息在整个项目的周期中的得到共享和传递，对提高团队的协作能力以及提高效率和缩短工期都有积极的促进的作用。

2. 项目管理的概念

项目管理其实就是管理学的一个分支，它是指在有限的项目管理资源的情形下，管理者运用专门的技能、工具、知识和方法对项目的所有工作进行有效的、合理的管理，来充分实现当初设定的期望和需求。

（二）项目管理中BIM技术推广存在的问题

1.BIM专业技术人员的匮乏

BIM技术所涉及的知识面非常广泛，因此，需要培养专门的技术人员对BIM转件进行系统操作，而目前，我国BIM技术的应用推广还属于初级发展阶段，大多数的建筑企业的项目中还没有运用到该项技术，这也使得相关的人员不愿意花更多的时间和费用来进行BIM技术的学习和培训，而技术员的匮乏确实就大大地阻碍了BIM技术的应用和推广。

2.BIM软件开发费用高

因为其研发成本很高，政府部门对BIM软件的研发的资金投入就非常的不足，相较于其他的行业，资金投入量太少，这就严重阻碍了BIM技术的应用和推广。BIM的软件和核心技术是被美国垄断了的，所以我国如果需要这些软件和技术，就不得不花费非常高额的代价从国外引进。

3. 软件兼容性差

由于基础软件的兼容性差，就会导致不同企业的操作平台的B1M系统在操作的时候就对软件的选择时存在很大的差异，这也大大地阻碍了 BIM 技术的应用推广。目前，对于绝大多数的软件，在不同的系统中运行的时候需要重新进行编译工作，非常烦琐。甚至，有些软件为了适应各种不同的系统，还需要重新开发或者是发生非常大的更改。

4.BIM 技术的利益分配不平衡

BIM 技术在项目管理中的应用需要多个团体的分工合作，包括施工单位、业主、规划设计单位和监理单位等等。各个团体虽然是相互独立的，但是 BIM 技术又会使得这些相应的团体形成一个统一体，而各个团体之间的利益分配是否平衡对于 BIM 技术的应用有非常大的影响。

（三）BIM 技术的特点

1. 模拟性

模拟性是其最具有实用性的特点，BIM 技术在模拟建筑物模型的时候，还可以模拟确切的一系列的实施活动，例如，可以模拟日照、天气变化等状况，也可以模拟当发生危险的时候，人们的撤离的情况等。而模拟性的这一特性让工作者在设计建筑时更加具有方向感，能够直观地、清楚地明白各种设计的缺陷，并通过演示的各个特殊的情况，对相应的设计方案做出一些改变，让自己所设计出的建筑物更加具有较强的科学性和实用性。

2. 可视化

BIM 技术中最具代表性的特点则是可视化，这也是由它的工作原理而决定的。可视化的信息包括三个方面的内容：三维几何信息、构件属性信息以及规则信息。而其中的三维几何信息却是早已经已经被人们所熟知的一个领域了，这里不一的做过多的介绍。

3. 可控性

而其可控性就更加体现得淋漓尽致，依靠 BIM 信息模型能实时准确地提取各个施工阶段的材料与物资的计划，而施工企业在施工中的精细化管理中却比较难实现，其根本性的原因在于工程本身的海量的数据，而 BIM 的出现则可以让相关的部门更加快速地、准确地获得工程的一系列的基础数据，为施工企业制定相应的精确的机、人、材计划而提供有效、强有力的技术支撑，减少了仓储、资源、物流、环节的浪费，为实现消耗控制以及限额领料提供强有力的技术上的支持。

4. 优化性

不管是施工还是设计又或是运营，优化工作就一直都没有停止，在整个建筑工程的过程中都在进行着优化的工作，优化工作有了该技术的支撑就更加地科学、方便。影响优化工作的三个要素为复杂程度、信息与时间。而当前的建筑工程达到了非常高的复杂的程度，其复杂性仅仅依靠工作人员的能力是无法完成的，这就必须借助一些科学的设备设施才能够顺利地完成优化工作。

5. 协调性

协调性则是作为建筑工程的一项重点内容，在 BIM 技术中也有非常重要的体现。在建筑工程施工的过程中，每一个单位都在做着各种协调工作，相互之间合作、相互之间交流，目的就是通过大家一起努力，让建筑工程可以胜利完成，而其中只要出现问题，就需要进行协调来解决，这时就需要考量，通过信息模拟在建筑物建造前期对各个专业的碰撞问题进行专业的协调和一系列的模拟，生成相应的协调数据。

（四）项目管理者 BIM 技术推广应用的策略

1. 成立 BIM 技术顾问服务公司

我国的软件公司集推广、开发和销售于一体，彼此之间并没有明确的分工，而导致各部门之间职责界限不清楚，工作效率也非常低下。而 BIM 技术顾问服务公司成立之后，主要负责销售和推广的工作，更会尤其注重该技术的推广和发展。而软件公司也可以和 BIM 技术顾问服务公司一起注重 BIM 技术的推广和发展。主要负责销售和推广工作，更加注重 BIM 技术的各种形式的推广。

2. 政府要扶植 BIM 技术的推广

在我国存在缺乏核心竞争力和软件开发费用高的问题，政府就应该相应加大财政资金投入，增加研发费用，扶植BIM技术的推广和开发。自主研究BIM的核心的技术，避免高价向国外引进技术的这种非常尴尬的局面。同时我们还可以聘请高水准的国外的专家对我们国内的建筑企业进行BIM专业培训。

3. 提高BIM软件的兼容性

当下大多数的软件需要在各种不同的操作平台上进行操作，甚至有些软件需要重新编译和编排，这就给用户带来非常多的困难。而与发达国家相比，我国企业对BIM研发和使用就存在合理使用造成机械设备故障。

4. 加强BIM在项目中的综合运用

BIM技术应该在项目管理中的实践中去充分的运用，加强对各个项目的统筹规划、对项目的一些辅助设计和对工程的运营，从而来实现BIM技术在项目管理中的一系列的综合运用。而要使BIM技术在项目管理中发挥出更加强大的效用，建筑单位就必须建立一系列的动态的数据库，将更多的实时数据接入BIM的系统，并且对管理系统进行定期的维护和管理。

二、BIM在国内的发展阻碍以及应对建议

（一）BIM技术在国内的推广阻碍因素

通过BIM的宣传介绍以及国内外应用BIM技术的一些大型项目案例，我们都能深刻体会BIM的价值。宏观上，BIM能贯彻到建筑工程项目的设计、招投标、施工、运营维护以及拆除阶段全生命周期，有利于对成本、进度、质量3大目标的控制，提高整个建设项目的经济效益。微观上，BIM的功能包含4D和5D模拟、3D建模和碰撞检测、材料统计和成本估算、施工图及预制件制造图的绘制、能源优化、设施管理和维护等。在国内，推广BIM技术以及运用BIM的建设工程项目案例当中，我们会发现很多阻碍BIM发展的因素，通过分析总结，包括法律、经济、技术、实施、人员5个方面，为了进一步了解以上阻碍因素对BIM技术在国内发展的影响程度，采取了问卷调查的方式，由房地产建筑行业的BIM专家进行作答，并采用SPSS分析法对以上

阻碍因素按影响程度进行排序，总结出以下 16 个关键阻碍因素：

①缺少实施的外部动机；②缺少全国性的 BIM 标准合同示范文本；③对分享数据资源持有消极态度；④经济效益不明显；⑤国内 BIM 软件开发程度低；⑥没有统一的 BIM 标准和指南；⑦未建立统一的工作流程；⑧业务流程重组的风险；⑨未健全 BIM 项目中的相关方争议处理机制；⑩缺少 BIM 软件的专业人员；⑪缺乏系统的 BIM 培训课程和交流学习平台；⑫各专业之间协作困难；⑬缺少保护 BIM 模型的知识产权的法律条款与措施；⑭与传统的 2D、3D 数据不兼容，工作量增大；⑮国内缺少对 BIM 技术的实质性研究；⑯应用 BIM 技术的目标和计划不明确。针对以上的 16 个关键阻碍因素，可根据内外部因素分类，说明外部和内部因素对 BIM 技术在国内推广的阻碍程度是差不多的，所以需要同时重视内外部阻碍因素，双管齐下，方能从根本上解决推进 BIM 技术在国内建筑行业的应用问题。

（二）促进 BIM 技术推广的建议

针对目前我国建筑业 BIM 技术应用推广存在的关键阻碍因素，结合诸多学者提出的促进方案和发展战略，以及访谈专家，总结出以下建议。

1. 法律方面

经过这几年的发展，BIM 技术已然成为建筑业的热门话题，住建部也发文推进建筑信息模型的应用，但仍没有实质性的推广措施。当前，政府应制定统一的 BIM 标准和指南以及合同示范文本，以便全国各地区参考并推广。相关法律部门应该针对 BIM 技术的特点，制定保护 BIM 模型的知识产权的法律条款与措施，健全 BIM 项目中的相关方争议处理机制等相关法律法规，营造一个有益于 BIM 技术推广的法律环境。

2. 经济方面应用

BIM 技术的目的在于对建筑工程项目的成本、进度、质量 3 大目标以及全生命周期的控制，可能存在经济效益不明显、投资回报期比较长等问题，项目各参与方应从本质上认识到 BIM 的价值，投入一定的资金和时间，团结合作，从而优化整个建设项目的经济效益。

3. 技术方面

在技术层面，我国对 BIM 的掌握还处于初级阶段，不能只停留在 BIM 的概念介绍、3D 效果演示、碰撞识别等浅层次应用，政府应加大对 BIM 技术的实质性研究，研发适应我国建筑行业的 BIM 软件，完善构建 BIM 模型的数据库，建立 BIM 技术交流平台，创造良好的技术环境。项目各参与方应当正确认识 BIM 的价值，改变思维方式，尝试分享数据资源，顾全大局，促成共赢。

4. 实施方面

在 BIM 技术推广的实施过程中，我国建筑行业遇到很多问题。政府和业主应该运用自己的优势，为建筑企业等项目相关方创造足够的外部动力，建立统一的工作流程。项目各参与方应壮大自己的 BIM 技术力量，制定应用 BIM 技术的目标和计划，消除业务流程重组的风险，加强各专业的交互性，携手共进。

5. 人员方面

随着 BIM 项目数量增加以及项目的复杂程度提升，对 BIM 人才数量和质量的要求也随之提高。高校作为建筑人才输送的重要场所，应该设立相关的 BIM 课程，并定期组织学生前往 BIM 项目积累实践经验，以满足建筑行业的需求。此外，建筑行业相关部门应该在社会上建立系统的 BIM 培训课程和交流学习平台，以供企业人员学习与提升，壮大 BIM 技术人员的队伍，并参与到 BIM 项目的建设当中去。

第五节　BIM技术在建统施工领域的发展

B1M 技术的发展不仅仅只是特定的领域或者特定的组织熟练应用的一本技术，更不指某些项目工程的成功应用。实现 BIM 技术的发展，应该提升整个建筑业的 BIM 应用水平，让所有的建筑业参与方能够普遍地、充分地利用 BIM 技术，以提高工作效率、减少资源浪费，从而达到创新和环保的目的，这才是 BIM 发展的核心。

一、对于关键阻碍因素的应对方案

（一）保护数据模型内部的知识产权

BIM 数据模型包括与建筑、结构、机械以及水电设备等各种专业有关的数据资源。数据模型除了这些专业的物理及非物理属性以外，还包括取得专利的新产品或者施工技术的信息。BIM 数据模型是一种数据集成的数据库。模型里集成的数据越多，其应用范围越广，价值就越高。由于 BIM 数据模型的完整度不仅仅取决于建模工作的精准度，还取决于数据模型内在的数据资源输入的情况。因此在 BIM 项目中，更多的项目参与方需要提供大量的数据资源。由于在 BIM 项目参与方之间使用 BIM 数据模型来进行协同工作，因此项目的一方提供的数据资源则容易被其他参与方所使用。如果项目参与方没有保护知识产权的意识，就难以保护其他参与方提供的数据模型里的知识产权。

政府加以强化保护个人和企业的数据资源的力量。通过设立检查 BIM 数据的技术部门，如知识产权局，设定标准判断项目中数据资源的不正确的使用、套用、盗用他人的数据的行为；再与行政和法律部门结合，建立配套的经济和行政上的惩罚措施，如罚款、公示、列入招标黑名单等；最终确立“上诉—审查—惩罚”的机制。

在 BIM 项目中，建议业主方专门指定“数据模型管理员”来控制数据模型的滥用。他按使用者的专业和身份授权，在被许可的平台上允许使用其他使用者提供的数据模型。比如，“数据模型管理员”只允许结构设计师参考建筑和设备的数据模型，而不可改动模型里的任何属性。企业和个人都需要提高自身的防御意识，在 BIM 项目中互相监督，防止侵犯知识产权的行为。

（二）解决聘用 BIM 专家及咨询费用问题

据此项调查结果分析：除了业主之外，项目参与方大部分依靠自身的 BIM 团队来进行工作。然而，随着 BIM 项目数量的增加，现有用户对 BIM 技术的使用要求迅速增长时，将会出现对 BIM 外包服务的大量需求。当企业选择 BIM 外包服务时，他们会面临两个问题：第一，费用的标准问题；第二，费用承担问题。

对于 BIM 外包服务的费用标准，目前还没有可以参考的。由于 BIM 技术服务的种类多，难以规定费用标准。依据 BIM 项目的实践经验来看，政府或者权威的企业研究机构需要为企业或者个人提供互相交流的平台，即分享有关 BIM 外包服务的信息，建立 BIM 外包服务的费用体系。

目前大部分工程项目中，是否使用 BIM 技术具有一定的选择性。在企业内部没有 BIM 团队的前提下，聘用 BIM 专家以及咨询会成为经济上的负担。在聘用 BIM 专家和咨询的过程中产生的费用应该由项目的参与方共同分担，特别是项目的业主方需要理解采用 B1M 技术所带来的经济效益，来分担其他项目参与方的经济压力。

（三）如何分担设计费用

由于中国施工图审查标准还是 2D 的，大部分设计工作还是以 2D 的绘图为主。在 BIM 项目的实施过程中，自然会出现传统的 2D 工作和 BIM 的 3D 工作相重复的现象，从而造成设计费用的增加。而且由于设计方直接承担软（硬）件的购买、计算机升级以及聘用 BIM 专家等的一系列费用，设计方向业主方要求更高的设计费合理的。

在 BIM 项目中各参与方都是 BIM 技术的受益者。因使用 BIM 技术而产生的费用应该由所有项目参与方共同承担。业主方也是 BIM 项目的直接受益者。借助于项目中 BIM 技术的应用，业主可以获得高质量、低成本的建筑设施，并且能够降低在项目结束后的运营和管理阶段所产生的费用。业主方作为项目的买方必须得考虑项目其他参与方在引进 BIM 技术时所承担的费用。政府或者企业制定 BIM 标准时，需要考虑 BIM 设计费的定价问题。为 BIM 项目的业主方提供使用 BIM 技术的支付标准。

（四）增强 BIM 技术的研究力量

中国拥有世界最大规模的建筑市场。虽然设计院、高校的研究所以及个人等在建筑业不同领域进行有关 BIM 技术的研究，但是其研究力度不够。

在 BIM 技术的研究方面，政府机构可以起导向性的作用。在欧美发达国家的建筑业中，政府竭力帮助对于 BIM 技术方面的研究。为了强化 BIM 研究的力量，中国政府在这方面也可提供大力支持。比如，通过制定政策鼓励相关研究。政府机构也可以提供部分经费，补助企业和高校对 BIM 技术进行研究。政府还可以设立相应的科研奖项并帮助宣传优秀的研究成果，鼓励成果产业化。在 BIM 研究中也需要企业的参与。企业在实施 BIM 项目的过程中可以进行相关的研究，得出宝贵的研究成果。从 BIM 项目中得到的这些研究成果可以直接应用到其他的 BIM 项目里，创造更多的经济效益。

在研究 BIM 技术的路上对外的合作与交流是一种有效的方法，是实现 BIM 的一条最佳捷径。国外建筑业已经有几十年的研究历史，通过和他们的合作，可以切身感受到更为丰富的、更有深度的研究成果。在研究 BIM 技术的过程中，最重要的是政府、企业以及个人之间的交流。研究成果的共享能够推动 BIM 技术的普及和应用。

第六章　安全文明施工

第一节　安全文明施工一般项目

为做到建筑工程的文明施工，施工企业在综合治理、公示标牌、社区服务、生活设施等一般项目的管理上也要给予重视。

一、综合治理

各基层单位综合治理领导小组每月召开一次会议，并有会议记录。公司综合治理领导小组每季度向上级汇报公司综合治理工作情况，项目部每月向公司综合治理领导小组书面汇报本单位综合治理工作情况，特殊情况应随时向公司汇报。

（一）综合治理检查

综合治理检查包括以下几个方面。

1. 治安、消防安全检查

公司对各生活区、施工现场、重点部位（场所）采用平时检查（不定期地下基层、工地）与集中检查（节假日、重大活动等）相结合的办法实施检查、督促。项目部对所属重点部位至少每月检查一次，对施工现场的检查，特别是消防安全检查，每月不少于两次，节假日、重大活动的治安、消防检查应有领导带队。

2. 夜间巡逻检查

有专职夜间巡逻的单位要坚持每天进行巡逻检查，并灵活安排巡逻时间和路线；无专职夜间巡逻队的单位要教育门卫、值班人员加强巡逻和检查，保卫部门应适时组织夜间突击检查，每月不少于一次。

3. 分包单位管理

分包单位在签订《生产合同》的同时必须签订《治安、防火安全协议》，并在一周内提供分包单位施工人员花名册和身份证复印件，按规定办理暂住证，缴纳城市建设费。分包单位治安负责人要经常对本单位宿舍、工具间、办公室的安全防范工作进行检查，并落实防范措施。分包单位治安负责人联谊会每月召开一次。治安、消防责任制的检查，参照本单位治安保卫责任制进行。

（二）法制宣传教育和岗位培训

加强职工思想道德教育和法制宣传教育，倡导“爱祖国、爱人民、爱劳动、爱科学、爱社会主义”的社会风尚，努力培养“有理想、有道德、有文化、守纪律”的社会主义劳动者。

积极宣传和表彰社会治安综合治理工作的先进典型以及为维护社会治安做出突出贡献的先进集体和先进个人，在工地范围内创造良好的社会舆论环境。

定期召开职工法制宣传教育培训班（可每月举办一次），并组织法制知识竞赛和考试，对优胜者给予表扬和奖励。

清除工地内部各种诱发违法犯罪的文化环境，杜绝职工看黄色录像、打架斗殴等现象发生。

加强对特殊工种人员的培训，充分保证各工种人员持证上岗。

积极配合公安部门开展法制宣传教育，共同做好刑满释放、解除劳教人员和失足青年的帮助教育工作。

（三）住处管理报告

公司综合治理领导小组每月召开一次各项目部治安责任人会议，收集工地内部违法、违章事件。每月和当地派出所、街道综合治理办公室开碰头会，及时反映社会治安方面存在的问题。工地内部发生紧急情况时，应立即报告分公司综合治理领导小组，并会同公安部门进行处理、解决。

（四）社区共建

项目部综合治理领导小组每月与驻地街道综合治理部门召开一次会议，讨论、研究工地文明施工、环境卫生、门前三包等措施。各项目部严格遵守市建委颁布的不准夜间施工规定，大型混凝土浇灌等项目尽量与居民取得联系，充分取得居民的谅解，搞好邻里关系。认真做好竣工工程的回访工作，对在建工程加强质量管理。

（五）值班巡逻

值班巡逻的护卫队员、警卫人员，必须按时到岗，严守岗位，不得迟到、早退和擅离职守。

当班的管理人员应会同护、警卫人员加强警戒范围内巡逻检查，并尽职尽责。

专职值勤巡逻的护、警卫人员要勤巡逻，勤检查，每晚不少于5次，要害、重点部位要重点察看。

巡查中，发现可疑情况，要及时查明。发现报警要及时处理，查出不安全因素要及时反馈，发现罪犯要奋力擒拿、及时报告。

（六）门卫制度

外来人员一律凭证件（介绍信或工作证、身份证）并有正确的理由，经登记后方可进出。外部人员不得借内部道路通行。

机动车辆进出应主动停车接受查验，因公外来车辆，应按指定部位停靠，自行车进出一律下车推行。

物资、器材出门，一律凭出门证（调拨单）并核对无误后方可出门。

外单位来料加工（包括材料、机具、模具等）必须经门卫登记。出门时有主管部门出具的证明，经查验无误注销后方可放行。物、货出门凡出门证的，门卫有权扣押并报主管部门处理。

严禁无关人员在门卫室长时间逗留、看报纸杂志、吃饭和闲聊，更不得寻衅闹事。

门卫人员应严守岗位职责，发现异常情况及时向主管部门报告。

（七）集体宿舍治安保卫管理

集体宿舍应按单位指定楼层、房间和床号相应集中居住，任何人不得私自调整楼层、房间或床号。

住宿人员必须持有住宿证、工作证（身份证）、暂住证，三证齐全。凡无住宿证的依违章住宿处罚。

每个宿舍有舍长，有宿舍制度、值日制度。住宿人员应严格遵守住宿制度，职工家属探亲（半月为限），需到项目部办理登记手续，经有关部门同意后安排住宿。严禁私带外来人员住宿和闲杂人员入内。

住宿人员严格遵守宿舍管理制度，宿舍内严禁使用电炉、煤炉、煤油炉和超过 60W 的灯泡，严禁存放易燃、易爆、剧毒、放射性物品。

注意公共卫生，严禁随地大小便和向楼下泼剩饭、剩菜、瓜皮果壳和污水等。

住宿人员严格遵守公司现金和贵重物品管理制度，宿舍内严禁存放现金和贵重物品。

爱护宿舍内一切公物（门、窗、锁、台、凳、床等）和设施，损坏者照价赔偿。

宿舍内严禁赌博，起哄闹事，酗酒滋事，大声喧哗和打架斗殴。严禁私拉乱接电线等行为。

（八）物资仓库消防治安保卫管理

物资仓库为重点部位。要求仓库管理人员岗位责任制明确，严禁脱岗、漏岗、串岗和擅离职守，严禁无关人员入库。

各类入库材料、物资，一律凭进料入库单经核验无误后入库，发现短缺、损坏、物单不符等一律不准入库。

各类材料、物资应按品种、规格和性能堆放整齐。易燃、易爆和剧毒物品应专库存放，不得混存。

发料一律凭领料单。严禁先发料后补单，仓库料具无主管部门审批一律不准外借。退库的物资材料，必须事先分清规格，鉴定新旧程度，列出清单后再办理退库手续，报废材料亦应分门别类放置统一处理。

仓库人员严格执行各类物资、材料的收、发、领、退等核验制度，做到日清月结，账、卡、物三者相符，定期检查，发现差错应及时查明原因，分清责任，报部门处理。

仓库严禁火种、火源。禁火标志明显，消防器材完好，并熟悉和掌握其性能及使用方法。

仓库人员应提高安全防范意识，定期检查门窗和库内电器线路，发现不安全因素及时整改。离库和下班后应关锁好门窗，切断电源，确保安全。

（九）财务现金出纳室治安保卫管理

财务科属重点部位，无关人员严禁进出。

门窗有加固防范措施，技术防范报警装置完好。

严格执行财务现金管理规定，现金账目日结日清，库存过夜现金不得超过规定金额，并要存放于保险箱内。

严格支票领用审批和结算制度，空白支票与印章分人管理，过夜存放保险箱。不准向外单位提供银行账号和转借支票。

保险箱钥匙专人保管，随身携带，不得放在办公室抽屉内过夜。

财务账册应妥善保管，做到不失散、不涂改、不随意销毁，并有防霉烂、虫蛀等措施。

下班离开时，应检查保险箱是否关锁，门窗关锁是否完好，以防意外。

（十）浴室治安保卫管理

浴室专职专管人员应严格履行岗位职责，按规定时间开放、关闭浴室。

就浴人员应自觉遵守浴室管理制度，服从浴室专职人员的管理。就浴中严禁在浴池内洗衣、洗物，对患有传染病者不得安排就浴。

（十一）班组治安保卫

治安承包责任落实到人，保证全年无偷窃、打架斗殴、赌博、流氓等行为。

组织职工每季度不少于一次学法，提高职工的法制意识，自觉遵守公司内部治安管理的各项规章制度和社会公德，同违法乱纪行为做斗争。

做好班组治安防范。“四防”工作逢会必讲，形成制度。工具间（更衣室）门、窗关闭牢固，实行一把锁一把钥匙，专人保管。班后关闭门窗，切断电源，责任到人。

严格遵守公司“现金和贵重物品”的管理制度。工具箱、工作台不得存放现金和贵重物品。

严格对有色金属（包括各类电导线、电动工具等）的管理，执行谁领用、谁负责保管的制度。班后或用后一律入箱入库集中保管，因不负责任丢失或失盗的，由责任人按价赔偿。

严格执行公司有关用火、防火、禁烟制度。无人在禁火区域吸烟（木工间木花必须日做日清），无人在工棚、宿舍、工具间内违章使用电炉、煤炉和私接乱接电源，确保全年无火警、火灾事故。

（十二）治安、值班

门卫保安人员负责守护工地内一切财物。值班应注意服装仪容的整洁。值班时间内保持大门及其周围环境整洁。闲杂人员、推销员一律不得进入工地。

所有人员进入工地必须戴好安全帽。外来人员到工地联系工作必须在门卫处等候，门卫联系有关管理人员确认后，由门卫登记好后，戴好安全帽方可进入工地。如外来人员未携带安全帽，则必须在门卫处借安全帽，借安全帽时可抵押适当物品并在离开时赎回。

门卫保安人员对所负责保护的财物，不得转送变卖、破坏及侵占。否则，除按照物品财务价值的双倍处罚外，情节严重的直接予以开除处理。上班时不得擅离职守，值班时严禁喝酒、赌博、睡觉或做勤务以外的事。

对进入工地的车辆，应询问清楚并登记。严格执行物品、材料、设备、工具携出的检查。夜间值班时要特别注意工地内安全，同时须注意自身安全。

门卫保安人员应将值班中所发生的人、事、物明确记载于值班日记中，列入移交，接班者必须了解前班交代的各项事宜，必须严格执行交接班手续，下一班人员未到岗前不得擅自下岗。

车辆或个人携物外出，均需在保管室开具的出门证，没有出门证一律不许外出。物品携出时，警卫人员应按照物品携出核对物品是否符合，如有数量超出或品名不符者，应予扣留查报或促其补办手续。凡运出、入工地的材料，值班人员必须写好值班记录，如有出入则取消当日出勤。

加强值班责任心，发现可疑行动，应及时采取措施。晚上按照工地实际情况及时关闭大门。非经特许，工地内禁止摄影，照相机也禁止携入。发现偷盗应视情节轻重，轻者予以教育训诫，重者报警，合理运用《治安管理处罚条例》，严禁使用私刑。

二、公示标牌

标牌是施工现场重要标志的一项内容，不但内容应有针对性，同时标牌制作、悬挂也应规范整齐，字体工整，为企业树立形象、创建文明工地打好基础。

为进一步对职工做好安全宣传工作，要求施工现场在明显处，应有必要的安全宣传图牌，主要施工部位、作业点和危险区域以及主要通道口都应设有合适的安全警告牌和操作规程牌。

施工现场应该设置读报栏、黑板报等宣传园地，丰富学习内容，表扬好人好事。在施工现场明显处悬挂“安全生产，文明施工”宣传标。

项目部每月出一期黑板报，全体由项目部安全员负责实施；黑板报的内容要有一定的时效性、针对性、可读性和教育意义；黑板报的取材可以有关质量、安全生产、文明施工的报纸、杂志、文件、标准，与建筑工程有关的法律法规、环境保护及职业健康方面的内容；黑板报的主要内容，必须切合实际，结合当前工作的现状及工程的需要；初稿形成必须经项目部分管负责人审批后再出刊；在黑板报出刊时，必须在落款部位注明第几期，并附有照片。

三、社区服务

加强施工现场环保工作的组织领导，成立以项目经理为首，由技术、生产、物资、机械等部门组成的环保工作领导小组，设立专职环保员一名。建立环境管理体系，明确职责、权限。建立环保信息网络，加强与当地环保局的联系。不定期组织工地的业务人员学习国家、环境法律法规和本公司环境手册、程序文件、方针、目标、指标知识等内部标准，使每个人都了解 ISO 14001 环保标准要求和内容。

施工单位应当遵守国家有关环境保护的法律规定，采取措施控制施工现场的各种粉尘、废气、废水、固体废物以及噪声、振动对环境的污染和危害。

应当采取下列防止环境污染的措施：

（1）妥善处理泥浆水，未经处理不得直接排入城市排水设施和河流。

（2）除附设有符合规定的装置外，不得在施工现场熔融沥青或焚烧油毡、油漆及其他会产生有毒有害烟尘和恶臭气体的物质。

（3）使用密封式的圈筒或者采取其他措施处理高空废弃物。

（4）采取有效措施控制施工过程中的扬尘。

（5）禁止将有毒有害废弃物用作土方回填。

（6）对产生噪声、振动的施工机械，应采取有效控制措施，减轻噪声扰民。

施工由于受技术、经济条件限制，对环境的污染不能控制在规定范围内的，建设单位应当会同施工单位事先报请当地人民政府建设行政主管部门和环境行政主管部门批准。必须进行夜间施工时，要进行审批，批准后按批复意见施工，并注意影响，尽量做到不扰民；与当地派出所、居委会取得联系，做好治安保卫工作，严格执行门卫制度，防止工地出现偷盗、打架、职工外出惹事等意外事情发生，防止出现扰民现象（特别是高考期间）。认真学习和贯彻国家、环境法律法规和遵守本公司环境方针、目标、指标及相关文件要求。

按当地规定，在允许的施工时间之外必须施工时，应有主管部门批准手续（夜间施工许可证），并做好周围群众工作。夜间 22 点至早晨 6 点时段，没有夜间施工许可证的，不允许施工。现场不得焚烧有毒、有害物质，有毒、有害物质应该按照有关规

定进行处理。现场应制订不扰民措施，有责任人管理和检查，并与居民定期联系听取其意见，对合理意见应处理及时，工作应有记载。制订施工现场防粉尘、防噪声措施，使附近的居民不受干扰。严格按规定的早 6 点、晚 22 点时间作业。严格控制扬尘，不许从楼上往下扔建筑垃圾，堆放粉状材料要遮挡严密，运输粉状材料要用高密目网或彩条布遮挡严密，保证粉尘不飞扬。

严格控制废水、污水排放，不许将废水、污水排到居民区或街道。防止粉尘污染环境，施工现场设明排水沟及暗沟，直接接通污水道，防止施工用水、雨水、生活用水排出工地。混凝土搅拌车、货车等车辆出工地时，轮胎要进行清扫，防止轮胎污物被带出工地。施工现场设垃圾箱，禁止乱丢乱放。

施工建筑物采用密目网封闭施工，防止靠近居民区出现其他安全隐患及不可预见性事故，确保安全可靠。采用高品混凝土，防止现场搅拌噪声扰民及水泥粉尘污染。用木屑除尘器除尘时，在每台加工机械尘源上方或侧向安装吸尘罩，通过风机作用，将粉尘吸入输送管道，送到普料仓。使用机械如电锯、砂轮、混凝土振捣器等噪声较大的设备时，应尽量避开人们休息的时间，禁止夜间使用，防止噪声扰民。

四、生活设施

认真贯彻执行《环境卫生保护条例》。生活设应纳入现场管理总体规划，工地必须要有环境卫生及文明施工的各项管理制度、措施要求，并落实责任到人。有卫生专职管理人员和保洁人员，并落实卫生包干区和宿舍卫生责任制度，生活区应设置醒目的环境卫生宣传标语、宣传栏、各分片区的责任人

牌，在施工区内设置饮水处，吸烟室、生活区内种花草，美化环境。

生活区应有除“四害”措施，物品摆放整齐，清洁，无积水，防止蚊蝇滋生。生活区的生活设施（如水龙头、垃圾桶等）有专人管理，生活垃圾一日至少要早、晚清倒两次，禁止乱扔杂物，生活污水应集中排放。

生活区应设置符合卫生要求的宿舍、男女浴室或清洗设备、更衣室、男女水冲式厕所，工地有男女厕所，保持清洁。高层建筑施工时，可隔几层设置移动式的简单厕所，以切实解决施工人员的实际问题。施工现场应按作业人员的数量设置足够使用的沐浴设施，沐浴室在寒冷季节应有暖气、热水，且应有管理制度和专人管理。

食堂卫生符合《食品卫生法》的要求。炊事员必须持有健康证，着白色工作服工作。保持整齐清洁，杜绝交叉污染。食堂管理制度上墙，加强卫生教育，不食不洁食物，预防食物中毒，食堂有防蝇装置。

工地要有临时保健室或巡回医疗点，开展定期医疗保健服务，关心职工健康。高温季节施工要做好防暑降温工作。施工现场无积水，污水、废水不准乱排放。生活垃圾必须随时处理或集中加以遮挡，集中装入容器运送，不能与施工垃圾混放，并设专人管理。落实消灭蚊蝇滋生的承包措施，与各班组达成检查监督约定，以保证措施落实。保持场容整洁，做好施工人员有效防护工作，防止各种职业病的发生。

施工现场作业人员饮水应符合卫生要求，有固定的盛水容器，并有专人管理。现场应有合格的可供食用的水源（如自来水），不准把集水井作为饮用水，也不准直接饮用河水。茶水棚（亭）的茶水桶做到加盖加锁，并配备茶具和消毒设备，保证茶水供应，严禁食用生水。夏季要确保施工现场的凉开水或清凉开水或清凉饮料供应，暑伏天可增加绿豆汤，防止中暑、脱水现象发生。积极开展除“四害”运动，消灭病毒传染体。现场落实消灭蚊蝇滋生的承包措施，与承包单位签订检查约定，确保措施落实。

第二节　安全文明施工保证项目

为做到建筑工程的文明施工，施工企业必须在现场围挡、封闭管理、施工现场、材料管理、现场办公与住宿、现场防火等保证项目上加强管理。

一、围挡现场

工地四周应设置连续、密闭的围挡，其高度与材质应满足如下要求：第一，市区主要路段的工地周围设置的围挡高度不低于 2.5 m；一般路段的工地周围设置的围挡高度不低于 1.8 m。市政工地可按工程进度分段设置围挡或按规定使用统一的、连续的安全防护设施。第二，围挡材料应选用砌体，砌筑 60cm 高的底脚并抹光，禁止使用彩条布、竹笆、安全网等易变形的材料，做到坚固、平稳、整洁、美观。第三，围挡的设置必须沿工地四周连续进行，不能有缺口。第四，围挡外不得堆放建筑材料、垃圾和工程渣土、金属板材等硬质材料。

二、封闭管理

施工现场实施封闭式管理。施工现场进出口应设置大门，门头要设置企业标志，企业标志是标明集团、企业的规范简称；设有门卫室，制定值班制度。设警卫人员，制定警卫管理制度，切实起到门卫作用；为加强对出入现场人员的管理，规定进入施工现场的人员都必须佩戴工作卡，且工作卡应佩戴整齐；在场内悬挂企业标志旗。

未经有关部门批准，施工范围外不准堆放任何材料、机械，以免影响秩序，污染市容，损坏行道树和绿化设施。夜间施工要经有关部门批准，并将噪声控制到最低限度。

工地、生活区应有卫生包干平面图，根据要求落实专人负责，做到定岗、定人，做好公共场所、厕所、宿舍卫生打扫、茶水供应等生活服务工作。工地、生活区内道路平整，无积水，要有水源、水斗、灭害措施、存放生活垃圾的设施，要做到勤清运，确保场地整洁。

工地四周不乱倒垃圾、淤泥，不乱扔废弃物；排水设施流畅，工地无积水；及时清理淤泥；运送建筑材料、淤泥、垃圾，沿途不漏撒；沾有泥沙及浆状物的车辆不驶出工地，工地门前无场地内带出的淤泥与垃圾；搭设的临时厕所、浴室有措施保证粪便、污水不外流。

单项工程竣工验收合格后，施工单位可以将该单项工程移交建设单位管理。全部工程验收合格后，施工单位方可解除施工现场的全部管理责任。

设门卫值班室，值班人员要佩戴执勤标志；门卫认真执行本项目门卫管理制度，并实行凭胸卡出入制度，非施工人员不得随便进入施工现场，确需进入施工现场的，警卫必须验明证件，登记后方可进入工地；进入工地的材料，门卫必须进行登记，注明材料规格、品种、数量、车的种类和车牌号；外运材料必须有单位工程负责人签字，方可放行；加强对劳务队的管理，掌握人员底数，签订治安协议。

三、施工场地

遵守国家有关环境保护的法律规定，应有效控制现场各种粉尘、废水、固体废弃物，以及噪声、振动对环境的污染和危害。

工地地面要做硬化处理，做到平整、不积水、无散落物。道路要畅通，并设排水系统、汽车冲洗台、三级沉淀池，有防泥浆、污水、废水措施。建筑材料、垃圾和泥土、泵车等运输车辆在驶出现场之前，必须冲洗干净。工地应严格按防汛要求，设置连续、通畅的排水设施，防止泥浆、污水、废水外流或堵塞下水道和排水河道。

工地道路要平坦、畅通、整洁、不乱堆乱放；建筑物四周浇捣散水坡施工场地应有循环干道且保持畅通，不堆放构件、材料；道路应平整坚实，施工场地应有良好的排水设施，保证畅通排水。项目部应按照施工现场平面图设置各项临时设施，并随施工不同阶段进行调整，合理布置。

现场要有安全生产宣传栏、读报栏、黑板报，主要施工部位作业点和危险区域，以及主要道路口要都设有醒目的安全宣传标语或合适的安全警告牌。主要道路两侧用钢管做扶栏，高度为 1.2m，两道横杆间距 0.6m，立杆间距不超过 2 m，40 cm 间隔刷黄黑漆作色标。

工程施工的废水、泥浆应经流水槽或管道流到工地集水池，统一沉淀处理，不得随意排放和污染施工区域以外的河道、路面。施工现场的管道不得有跑、冒、滴、漏或大面积积水现象。施工现场禁止吸烟，按照工程情况设置固定的吸烟室或吸烟处，吸烟室应远离危险区并设必要的灭火器材。工地应尽量做到绿化，尤其是在市区主要路段的工地更应该做到这点。

保持场容场貌的整洁，随时清理建筑垃圾。在施工作业时，应有防止尘土飞扬、泥浆洒漏、污水外流、车辆带泥土运行等措施。进出工地的运输车辆应采取措施，以防止建筑材料、垃圾和工程渣土飞扬撒落或流溢。施工中泥浆、污水、废水禁止随地排放，选合理位置设沉淀池，经沉淀后方可排入市政污水管道或河道。作业区严禁吸烟，施工现场道路要硬化畅通，并设专人定期打扫道路。

四、材料管理

（一）材料堆放

施工现场场容规范化。需要在现场堆放的材料、半成品、成品、器具和设备，必须按已审批过的总平面图指定的位置进行堆放。应当贯彻文明施工的要求，推行现代管理方法，科学组织施工，做好施工现场的各项管理工作。施工应当按照施工总平面布置图规定的位置和线路设置，建设工程实行总包和分包的，分包单位确需进行改变施工总平面布置图活动的，应当先向总包单位提出申请，不得任意侵占场内道路，并应当按照施工总平面布置图设置各项临时设施现场堆放材料。

各种物料堆放必须整齐，高度不能超过 1.6 m，砖成垛，砂、石等材料成方，钢管、钢筋、构件、钢模板应堆放整齐，用木方垫起，作业区及建筑物楼层内，应做到工完料清。除去现浇筑混凝土的施工层外，下部各楼层凡达到强度的拆模要及时清理运走，不能马上运走的必须码放整齐。各楼层内清理的垃圾不得长期堆放在楼层内，应及时运走，施工现场的垃圾应分类集中堆放。

库房搭设要符合要求，有防盗、防火措施，有收、发、存管理制度，有专人管理，账、物、卡三相符，各类物品堆放整齐，分类插挂标牌，安全物质必须有厂家的资质证明、安全生产许可证、产品合格证及原始发票复印件，保管员和安全员共同验收、签字。

易燃易爆物品不能混放，必须设置危险品仓库，分类存放，专人保管，班组使用的零散的各种易燃易爆物品，必须按有关规定存放。

工地水泥库搭设应符合要求，库内不进水、不渗水、有门有锁。各品种水泥按规定标号分别堆放整齐，专人管理，账、牌、物三相符，遵守先进先用、后进后用的原则。工具间整洁，各类物品堆放整齐，有专人管理，有收、发、存管理制度。

（二）库房安全管理

库房安全管理包括以下内容。

第一，严格遵守物资入库验收制度，对入库的物资要按名称、规格、数量、质量认真检查。加强对库存物资的防火、防盗、防汛、防潮、防腐烂、防变质等管理工作，使库存物资布局合理，存放整齐。

第二，严格执行物资保管制度，对库存物资做到布局合理，存放整齐，并做到标记明确、对号入座、摆设分层码垛、整洁美观，对易燃、易爆、易潮、易腐烂及剧毒危险物品应存放专用仓库或隔离存放，定期检查，做到勤检查、勤整理、勤清点、勤保养。

第三，存放爆炸物品的仓库不得同时存放性质相抵触的爆炸物品和其他物品，并不得超过规定的储存数量。存放爆炸物品的仓库必须建立严格的安全管理制度，禁止使用油灯、蜡烛和其他明火照明，不准把火种、易燃物品等容易引起爆炸的物品和铁器带入仓库，严禁在仓库内住宿、开会或加工火药，并禁止无关人员进入仓库。收存和发放爆炸物品必须建立严格的收发登记制度。

第四，在仓库内存放危险化学品应遵守以下规定：仓库与四周建筑物必须保持相应的安全距离，不准堆放任何可燃材料；仓库内严禁烟火，并禁止携带火种和引起火花的行为；明显的地点应有警告标志；加强货物入库验收和平时的检查制度，卸载、搬运易燃易爆化学物品时应轻拿轻放，防止剧烈振动、撞击和重压，确保危险化学品的储存安全。

五、现场办公与住宿

施工现场必须将施工作业区与生活区、办公区严格分开，’不能混用，应有明显划分，有隔离和安全防护措施，防止发生事故。在建工程内不得兼作宿舍，因为在施工区内住宿会带来各种危险，如落物伤人、触电或洞口和临边防护不严而造成事故，又如两班作业时，施工噪声影响工人的休息现场住宿。

职工宿舍要有卫生值日制度，实行室长负责，规定一周内每天卫生值日名单并张贴上墙，做到天天有人打扫，保持室内窗明地净，通风良好。宿舍内各类物品应堆放整齐，不到处乱放，应整齐美观。

宿舍内不允许私拉乱接电源，不允许烧电饭煲、电水壶、热得快等大功率电器，不允许做饭烧煤气，不允许用碘钨灯取暖、烘烤衣服。生活废水应集中排放，二楼以上也要有水源及水池，卫生区内无污水、无污物，废水不得乱倒乱流。

项目经理部根据场所许可和临设的发展变化，应尽最大努力为广大职工提供家属区域，使全体职工感受企业的温暖。为了为全员职工服务，职工家属一次性来队不得超过 10 天，逾期项目部不予安排住宿。职工家属子女来队探亲必须先到项目部登记，签订安全守则后，由项目部指定宿舍区号入室，不得任意居住，违者不予安排住宿。

来队家属及子女不得随意寄住和往返施工现场，如任意游留施工现场，发生意外，一切后果由本人自负，项目部概不负责。家属宿舍内严禁使用煤炉、电炉、电炒锅、电饭煲，加工饭菜，一律到伙房，违者按规章严加处罚。

家属宿舍除本人居住外，不得任意留宿他人或转让他人使用，居住到期将钥匙交项目部，由项目部另作安排，如有违者按规定处罚。

六、现场防火

（一）防火安全理论与技术

1. 火灾的定义及分类

（1）火灾是指在时间和空间上失去控制的燃烧所造成的灾害。

（2）火灾分为 A、B、C、D、E 五类。

A 类火灾——固体物质火灾。如木材、棉、毛、麻、纸等燃烧引起的火灾。

B 类火灾——液体火灾和可熔化的固体物质火灾。液体和可熔化的固体物质，如汽油、煤油、原油、甲醇、乙醇、沥青、石蜡等。

C 类火灾——体火灾。如煤气、天然气、甲烷、乙烷、丙烷、氢等引起的火灾。

D 类火灾——属火灾。如钾、钠、镁、钛、错、锂、铝、镁合金等引起的火灾。

E 类火灾——电燃烧而导致的火灾。

2. 燃烧中的几个常用概念

（1）闪燃

在液体（固体）表面上能产生足够的可燃蒸气，遇火产生一闪即灭的火焰的燃烧现象称为闪燃。

（2）爆燃

以亚音速传播的爆炸称为爆燃。

（3）阴燃

没有火焰的缓慢燃烧现象称为阴燃。

（4）自燃

可燃物质在没有外部明火等火源的作用下，因受热或自身发热并蓄热所产生的自行燃烧现象称为自燃。亦即物质在无外界引火源条件下，由于其本身内部所进行的生物、物理、化学过程而产生热量，使温度上升，最后自行燃烧起来的现象。

（5）燃烧的必要条件

可燃物、氧化剂和温度（引火源）。只有这三个条件同时具备，才可能旨发生燃烧现象，无论缺少哪一个条件，燃烧都不能发生。但是，并不是上述三个条件同时存在，就一定会发生燃烧现象，还必须这三个因素相互作用才能发生燃烧。

（6）燃烧的充分条件：一定的可燃物浓度，一定的氧气含量，一定的点火能量。

3. 灭火器的选择

根据不同类别的火灾有不同的选择。

A 类火灾可选用清水灭火器、泡沫灭火器、磷酸镂盐干粉灭火器（ABC 干粉灭火器）。

B 类火灾可选用干粉灭火器（ABC 干粉灭火器）、二氧化碳灭火器、泡沫灭火器（且泡沫灭火器只适用于油类火灾，而不适用于极性溶剂火灾）。

C 类火灾可选用干粉灭火器（ABC 干粉灭火器）、二氧化碳灭火器。

易发生上述三类火灾的部位一般配备 ABC 干粉灭火器，配备数量可根据部位面积而定。一般危险性场所按每 75m2 一具计算，每具重量为 4kg。四具为一组，并配有一个器材架。危险性地区或轻危险性地区可适量增减。

D 类火灾目前尚无有效灭火器，一般可用沙土。

E 类火灾可选用干粉灭火器（ABC 干粉灭火器）、二氧化碳灭火器。

4. 灭火的基本原理

通过窒息、冷却、隔离和化学抑制的灭火原理分别如下。

窒息灭火法——燃烧物质断绝氧气的助燃而熄灭。

隔离灭火——将燃烧物体附近的可燃烧物质隔离或疏散，使燃烧停止。

冷却灭火——可燃烧物质的温度降低到燃点以下而终止燃烧。

抑制灭火法——使火剂参与到燃烧反应过程中，使燃烧中产生的游离基消失。

5. 火灾火源的分类

火灾火源可分为直接火源和间接火源两大类。

（1）直接火源

主要有明火、电火花和雷电火三种。

①明火

如生产和生活用的炉火、灯火、焊接火、火柴、打火机的火焰，香烟头火，烟囱火星，撞击、摩擦产生的火星，烧红的电热丝、铁块，以及各种家用电热器、燃气的取暖器等产生的火。

②电火花

如电器开关、电动机、变压器等电器设备产生的电火花，还有静电火花，这些火花能使易燃气体和质地疏松、纤细的可燃物起火。

③雷电火

瞬时间的高压放电，能引起任何可燃物质的燃烧。

（2）间接火源

主要有加热自燃起火和本身自燃起火两种。

6. 火灾报警

一般情况下，发生火灾后应一边组织灭火一边及时报警。

当现场只有一个人时，应一边呼救，一边处理，必须尽快报警，边跑边呼叫，以便取得他人的帮助。

报警时应注意的问题如下：发现火灾迅速拨打火警电话 119；报警时沉着冷静，要讲清详细地址、起火部位、着火物质、火势大小、报警人姓名及电话号码，并派人到路口迎候消防车。

灭火时应注意的问题如下：①首先要弄清起火的物质，再决定采用何种灭火器材；②运用一切能灭火的工具，就地取材灭火；③灭火器应对着火焰的根部喷射；④人员应站在上风口。⑤应注意周围的环境，防止塌陷和爆炸。

7. 火灾逃生

当你处于烟火中，首先要想办法逃走。如烟不浓可俯身行走；如烟太浓，须俯地爬行，并用湿毛巾蒙着口鼻，以减少烟毒危害。

不要朝下风方向跑，最好是迂回绕过燃烧区，并向上风方向跑。

当楼房发生火灾时，如火势不大，可用湿棉被、毯子等披在身上，从火中冲过去；如楼梯已被火封堵，应立即通过屋顶由另一单元的楼梯脱险；如其他方法无效，可将绳子或撕开的被单连接起来，顺着往下滑；如时间来不及应先往地上抛一些棉被、沙发垫等物，以增加缓冲（适用于低层建筑）。

8. 火警时人员疏散

开启火灾应急广播，说明起火部位、疏散路线。

组织处于着火层等受火灾威胁的楼层人员，沿火灾蔓延的相反方向，向疏散走道、安全出口部位有序疏散。

疏散过程中，应开启自然排烟窗，启动防排烟设施，保护疏散人员的安全；若没有排烟设施，则要提醒被疏散人员用湿毛巾捂住口鼻，靠近地面有秩序地往安全出口前行。

情况危急时，可利用逃生器材疏散人员。

9. 火场防爆

应首先查明燃烧区内有无发生爆炸的可能性。

扑救密闭室内火灾时，应先用手摸门的金属把手，如把手很热，绝不能贸然开门或站在门的正面灭火，以防爆炸。

扑救储存有易燃易爆物质的容器时，应及时关闭阀门或用水冷却容器。

装有油品的油桶如膨胀至椭圆形时，可能很快就会爆燃，救火人员不能站在油桶接口处和正面，且应加强对油桶的冷却保护。

竖立的液化气石油气瓶发生泄漏燃烧时，如火焰从橘红变成银白，声音从“吼”声变为“嗞”声，那就会很快爆炸，应及时采取有力的应急措施并撤离在场人员。

10. 电器火灾发生的原因

常见有电路老化、超负荷、潮湿、环境欠佳（主要指粉尘太大）等引起的电路短路、过载而发热起火。常见起火地方有电制开关、导线的接驳位置、保险、照明灯具、电热器具。

第七章　建筑工程安全管理

第一节　建筑工程安全生产管理概述

一、安全与安全生产的概念

（一）安全

安全即没有危险、不出事故，是指人的身体健康不受伤害，财产不受损伤，保持完整无损的状态。安全可分为人身安全和财产安全两种情形。

（二）安全生产

狭义的安全生产，是指生产过程处于避免人身伤害、物的损坏及其他不可接受的损害风险（危险）的状态。不可接受的损害风险（危险）通常是指超出了法律、法规和规章的要求；超出了安全生产的方针、目标和企业的其他要求；超出了人们普遍接受的（通常是隐含的）要求。

广义的安全生产除了直接对生产过程的控制外，还应包括劳动保护和职业卫生健康。

安全是相对危险的接受程度来判定的，是一个相对的概念。世上没有绝对的安全，任何事物都存在不安全的因素，即都具有一定的危险性，当危险降低到人们普遍接受的程度时，就认为是安全的。

二、安全生产管理

（一）管理的概念

管理，简单的理解是“管辖”“处理”的意思，是管理者在特定的环境下，为了实现一定的目标，对其所能支配的各种资源进行有效的计划、组织、领导和控制等一系列活动的过程。

（二）安全生产管理的概念

在企业管理系统中，含有多个具有某种特定功能的子系统，安全管理就是其中的一个。这个子系统是由企业中有关部门的相应人员组成的。该子系统的主要目的就是通过管理的手段，实现控制事故、消除隐患、减少损失的目的，使整个企业达到最佳的安全水平，为劳动者创造一个安全舒适的工作环境。因而安全管理的定义为：以安全为目的，进行有关决策、计划、组织和控制方面的活动。

控制事故可以说是安全管理工作的核心，而控制事故最好的方式就是实施事故预防，即通过管理和技术手段的结合，消除事故隐患，控制不安全行为，保障劳动者的安全，这也是“预防为主”的本质所在。

在企业安全管理系统中，专业安全工作者起着非常重要的作用。他们既是企业内部上下沟通的纽带，更是企业领导者在安全方面的得力助手。在充分掌握资料的基础上，他们为企业安全生产实施日常监管工作，并向有关部门或领导提出安全改造、管理方面的建议。归纳起来，专业安全工作者的工作可分为以下四个部分。

1. 分析

对事故与损失产生的条件进行判断和估计，并对事故的可能性和严重性进行评价，即进行危险分析与安全评价，这是事故预防的基础。

2. 决策

确定事故预防和损失控制的方法、程序和规划，在分析的基础上制订合理可行的事故预防、应急措施及保险补偿的总体方案，并向有关部门或领导提出建议。

3. 信息管理

收集、管理并交流与事故和损失控制有关的资料、情报信息，并及时反馈给有关部门和领导，保证信息的及时交流和更新，为分析与决策提供依据。

4. 测定

对事故和损失控制系统的效能进行测定和评价，并为取得最佳效果做出必要的改进。

三、建筑工程安全生产管理的含义

所谓建筑工程安全生产管理，是指为保证建筑生产安全所进行的计划、组织、指挥、协调和控制等一系列管理活动，目的在于保护职工在生产过程中的安全与健康，保证国家和人民的财产不受损失，保证建筑生产任务的顺利完成。建筑工程安全生产管理包括：建设行政主管部门对建筑活动过程中安全生产的行业管理，安全生产行政主管部门对建筑活动过程中安全生产的综合性监督管理，从事建筑活动的主体（包括建筑施工企业、建筑勘察单位、设计单位和工程监理单位）为保证建筑生产活动的安全生产所进行的自我管理等。

四、安全生产的基本方针

“安全第一、预防为主、综合治理”是我国安全生产管理的基本方针。《中华人民共和国建筑法》规定：“建筑工程安全生产管理必须坚持安全第一，预防为主的方针。”《中华人民共和国安全生产法》（以下简称《安全生产法》）在总结我国安全生产管理经验的基础上，再一次将“安全第一，预防为主”规定为我国安全生产的基本方针。

我国安全生产方针经历了从“安全生产”到“安全生产、预防为主”以及“安全生产、预防为主、综合治理”的产生和发展过程，且强调在生产中要做好预防工作，尽可能地将事故消灭在萌芽状态之中。因此，对于我国安全生产方针的含义，应从这一方针的产生和发展去理解，归纳起来主要有以下几个方面内容：

（一）安全与生产的辩证关系

在生产建设中，必须用辩证统一的观点处理好安全与生产的关系。这就是说，项目领导者必须善于安排好安全工作与生产工作，特别是在生产任务繁忙的情况下，安全工作与生产工作发生矛盾时，更应处理好两者的关系，不要把安全工作挤掉。越是生产任务忙，越要重视安全，把安全工作搞好，否则，导致工伤事故，既妨碍生产，又影响企业信誉，这是多年来生产实践得出的一条重要经验。

（二）安全生产工作必须强调“预防为主”

安全生产工作的“预防为主”是现代生产发展的需要。现代科学技术日新月异，而且往往又是多学科综合运用，安全问题十分复杂，稍有疏忽就会酿成事故。“预防为主”就是要在事故前做好安全工作，“防患于未然，依靠科技进步，加强安全科学管理，搞好科学预测与分析工作，把工伤事故和职业危害消灭在萌芽状态中。“安全第一、预防为主”两者是相辅相成、相互促进的。“预防为主”是实现“安全第一”的基础。要做到“安全第一，首先要搞好预防措施，预防工作做好了，就可以保证安全生产，实现“安全第一”，否则“安全第一”就是一句空话，这也是在实践中得出的一条重要经验。

（三）安全生产工作必须强调“综合治理”

由于现阶段我国安全生产工作出现严峻形势的原因是多方面的，既有安全监管体制和制度方面的原因，也有法律制度不健全的原因，也有科技发展落后的原因，还与整个民族安全文化素质有密切的关系等，因此要做好安全生产工作就要在完善安全生产管理的体制机制、加强安全生产法制建设、推动安全科学技术创新、弘扬安全文化等方面进行综合治理，才能真正做好安全生产工作。

五、建筑施工安全管理中的不安全因素

（一）人的不安全因素

人的不安全因素，是指对安全产生影响的人的方面的因素，即能够使系统发生故障或发生性能不良的事件的人员、个人的不安全因素以及违背设计和安全要求的人的错误行为。人的不安全因素可分为个人的不安全因素和人的不安全行为两个大类。

1. 个人的不安全因素

个人的不安全因素是指人员的心理、生理、能力中所具有不能适应工作、作业岗位要求的影响安全的因素。

2. 人的不安全行为

人的不安全行为是指造成事故的人为错误，是人为地使系统发生故障或发生性能不良事件的行为，是违背设计和操作规程的错误行为。

人的不安全行为产生的主要原因是：系统、组织的原因，思想责任心的原因，工作的原因。诸多事故分析表明，绝大多数事故不是因技术解决不了造成的，多是违规、违章所致。由于安全上降低标准、减少投入，安全组织措施不落实，不建立安全生产责任制，缺乏安全技术措施，没有安全教育、安全检查制度，不做安全技术交底，违章指挥、违章作业、违反劳动纪律等人为的原因，因此必须重视和防止产生人的不安全因素。

（二）施工现场物的不安全状态

物的不安全状态是指能导致事故发生的物质条件，包括机械设备等物质或环境所存在的不安全因素。

1. 物的不安全状态的内容

包括：①物（包括机器、设备、工具、物质等）本身存在的缺陷；②防护保险方面的缺陷；③物的放置方法的缺陷；④作业环境场所的缺陷；⑤外部和自然界的不安全状态；⑥作业方法导致的物的不安全状态；⑦保护器具信号、标志和个体防护用品的缺陷。

2. 物的不安全状态的类型

包括：①防护等装置缺乏或有缺陷；②设备、设施、工具、附件有缺陷；③个人防护用品用具缺少或有缺陷；④施工生产场地环境不良。

（三）管理上的不安全因素

管理上的不安全因素，通常又称为管理上的缺陷，也是事故潜在的不安全因素，作为间接的原因共有以下方面：①技术上的缺陷；②教育上的缺陷；③生理上的缺陷；④心理上的缺陷；⑤管理工作上的缺陷；⑥教育和社会、历史上的原因造成的缺陷。

六、建设工程安全生产管理的特点

（一）安全生产管理涉及面广、涉及单位多

由于建设工程规模大，生产周期长，生产工艺复杂、工序多，在施工过程中流动作业多，高处作业多，作业位置多变及多工种的交叉作业等，遇到不确定因素多，因此安全管理工作涉及范围大，控制面广。建筑施工企业是安全管理的主体，但安全管理不仅仅是施工单位的责任，材料供应单位、建设单位、勘察设计单位、监理单位以及建设行政主管部门等，也要为安全管理承担相应的责任与义务。

（二）安全生产管理动态性

1. 建设工程项目的单件性及建筑施工的流动性

建设工程项目的单件性，使得每项工程所处的条件不同，所面临的危险因素和防范措施也会有所改变，员工在转移工地后，熟悉一个新的工作环境需要一定的时间，有些制度和安全技术措施会有所调整，员工同样需要一个熟悉的过程。

2. 工程项目施工的分散性

因为现场施工是分散于施工现场的各个部位，尽管有各种规章制度和安全技术交底的环节，但是面对具体的生产环境时，仍然需要自己的判断和处

理，有经验的人员还必须适应不断变化的情况。

3. 产品多样性，施工工艺多变性

建设产品具有多样性，施工生产工艺具有复杂多变性，如一栋建筑物从基础、主体至竣工验收，各道施工工序均有其不同的特性，其不安全因素各不相同。同时，随着工程建设进度，施工现场的不安全因素也在随时变化，要求施工单位必须针对工程进度和施工现场实际情况及时采取安全技术措施和安全管理措施予以保证。

（三）产品的固定性导致作业环境的局限性

建筑产品坐落在一个固定的位置上，导致了必须在有限的场地和空间上集中大量的人力、物资、机具来进行交叉作业，导致作业环境的局限性，因而容易产生物体打击等伤亡事故。

（四）露天作业导致作业条件恶劣性

建设工程施工大多是在露天空旷的场地上完成的，导致工作环境相当艰苦，容易发生伤亡事故。

（五）体积庞大带来了施工作业高空性

建设产品的体积十分庞大，操作工人大多在十几米甚至几百米进行高空作业，因而容易产生高空坠落的伤亡事故。

（六）手工操作多、体力消耗大、强度高导致个体劳动保护任务艰巨

在恶劣的作业环境下，施工工人的手工操作多，体能耗费大，劳动时间和劳动强度都比其他行业要大，其职业危害严重，带来了个人劳动保护的艰巨性。

（七）多工种立体交叉作业导致安全管理的复杂性

近年来，建筑由低向高发展，劳动密集型的施工作业只能在极其有限空间展开，致使施工作业的空间要求与施工条件的供给的矛盾日益突出，这种多工种的立体交叉作业将导致机械伤害、物体打击等事故增多。

（八）安全生产管理的交叉性

建设工程项目是开放系统，受自然环境和社会环境影响很大，安全生产管理需要将工程系统、环境系统及社会系统相结合。

（九）安全生产管理的严谨性

安全状态具有触发性，安全管理措施必须严谨，一旦失控，就会造成损失和伤害。

七、施工现场安全管理的范围与原则

（一）施工现场安全管理的范围

安全管理的中心问题，是保护生产活动中人的健康与安全以及财产不受损伤，保证生产顺利进行。

宏观的安全管理概括地讲，包括劳动保护、施工安全技术和职业健康安全，它们是既相互联系又相互独立的三个方面。①劳动保护偏重于以法律、法规、规程、条例、制度等形式规范管理或操作行为，从而使劳动者的劳动安全与身体健康得到应有的法律保障。②施工安全技术侧重于对“劳动手段与劳动对象”的管理，包括预防伤亡事故的工程技术和安全技术规范、规程、技术规定、标准条例等，以规范物的状态，减轻对人或物的威胁。③职业健康安全着重于施工生产中粉尘、振动、噪声、毒物的管理。通过防护、医疗、保健等措施，保护劳动者的安全与健康，保护劳动者不受有害因素的危害。

（二）施工现场安全管理的基本原则

1. 管生产的同时管安全

安全寓于生产之中，并对生产发挥促进与保证作用，安全管理是生产管理的重要组成部分，安全与生产在实施过程中，两者存在着密切联系，没有安全就绝不会有高效益的生产。事实证明，只抓生产忽视安全管理的观念和做法是极其危险和有害的。因此，各级管理人员必须负责管理安全工作，在管理生产的同时管安全。

2. 明确安全生产管理的目标

安全管理的内容是对生产中人、物、环境因素状态的管理，有效地控制人的不安全行为和物的不安全状态，消除或避免事故，达到保护劳动者安全与健康和财物不受损伤的目标。

有了明确的安全生产目标，安全管理就有了清晰的方向。安全管理的一系列工作才可能朝着这一目标有序展开。没有明确的安全生产目标，安全管理就成了一种盲目的行为。盲目的安全管理，人的不安全行为和物的不安全状态就不会得到有效的控制，危险因素依然存在，事故最终不可避免。

3. 必须贯彻“预防为主”的方针

安全生产的方针是“安全第一、预防为主、综合治理”。“安全第一”是把人身和财产安全放在首位，安全为了生产，生产必须保证人身和财产安全，充分体现“以人为本”的理念。

“预防为主”是实现安全第一的重要手段，采取正确的措施和方法进行安全控制，使安全生产形势向安全生产目标的方向发展。进行安全管理不是处理事故，而是在生产活动中，针对生产的特点，对各生产因素进行管理，有效地控制不安全因素的发生、发展与扩大，把事故隐患消灭在萌芽状态。

4. 坚持“四全”动态管理

安全管理涉及生产活动中的方方面面，涉及参与安全生产活动的各个部门和每一个人，涉及从开工到竣工交付的全部生产过程，涉及全部的生产时间，涉及一切变化着的生产因素。因此，生产活动中必须坚持全员、全过程、全方位、全天候的动态安全管理。

5. 安全管理重在控制

进行安全管理的目的是预防、消灭事故，防止或消除事故伤害，保护劳动者的安全与健康及财产安全。在安全管理的前四项内容中，虽然都是为了达到安全管理的目标，但是对安全生产因素状态的控制与安全管理的关系更直接，显得更为突出，因此对生产中的人的不安全行为和物的不安全状态的控制，必须看作动态安全管理的重点。事故的发生，是由于人的不安全行为运动轨迹与物的不安全状态运动轨迹的交叉。事故发生的原理也说明了对生产因素状态的控制应该当作安全管理重点。把约束当作安全管理重点是不正确的，是因为约束缺乏带有强制性的手段。

6. 在管理中发展、提高

既然安全管理是在变化着的生产活动中的管理，是一种动态的过程，其管理就意味着是不断发展的、不断变化的，以适应变化的生产活动。然而更为重要的是要不间断地摸索新的规律，总结管理、控制的办法与经验，掌握新的变化后的管理方法，从而使安全管理不断地上升到新的高度。

第二节　建筑工程安全生产相关法规

一、安全生产法规与技术规范

（一）安全生产法规

安全生产法规是指国家关于改善劳动条件，实现安全生产，为保护劳动者在生产过程中的安全和健康而制定的各种法律、法规、规章和规范性文件的总和，是必须执行的法律规范。

（二）安全技术规范

安全技术规范是指人们关于合理利用自然力、生产工具、交通工具和劳动对象的行为准则。安全技术规范是强制性的标准。违反规范、规程造成事故，往往会给个人和社会带来严重危害。为了有利于维护社会秩序和工作秩序，把遵守安全技术规范确定为法律义务，有时把它直接规定在法律文件中，使之具有法律规范的性质。

二、安全生产相关法规与行业标准

作为国民经济的重要支柱产业之一，建筑业的发展对于推动国民经济发展、促进社会进步、提高人民生活水平具有重要意义。建设工程安全是建筑施工的核心内容之一。建设工程安全既包括建筑产品自身安全，也包括其毗邻建筑物的安全，还包括施工人员的人身安全。而建设工程质量最终是通过建筑物的安全和使用情况来体现的。因此，建筑活动的各个阶段、各个环节都必须紧扣建设工程的质量和安全加以规范。

三、建筑施工企业安全生产许可证制度

《建筑施工企业安全生产许可证管理规定》于 2004 年 6 月 29 日经第 37 次建设部常务会议讨论通过，并自 2004 年 7 月 5 日起施行，2015 年 1 月 22 日住房和城乡建设部令 23 号修订。

（一）安全生产许可证的申请与颁发

（1）建筑施工企业从事建筑施工活动前，应当依照规定向省级以上的建设主管部门申请领取安全生产许可证。中央管理的建筑施工企业（集团公司、总公司）应当向国务院建设主管部门申请领取安全生产许可证。

（2）建筑施工企业申请安全生产许可证时，应当向建设主管部门提供下列材料：①建筑施工企业安全生产许可证申请表。②企业法人营业执照。③具备取得生产许可证规定的相关文件、材料。

建筑施工企业申请安全生产许可证，应当对申请材料实质内容的真实性负责，不得隐瞒有关情况或者提供虚假材料。

（3）建设主管部门应当自受理建筑施工企业的申请之日起 45 日内审查完毕；经审查符合安全生产条件的，颁发安全生产许可证；不符合安全生产条件的，不予颁发安全生产许可证，书面通知企业并说明理由。企业自接到通知之日起应当进行整改，整改合格后方可再次提出申请。

（4）安全生产许可证的有效期为 3 年。安全生产许可证有效期满需要延期的，企业应当于期满前 3 个月向原安全生产许可证颁发管理机关申请办理延期手续。

企业在安全生产许可证有效期内，严格遵守有关安全生产的法律、法规，未发生死亡事故的，安全生产许可证有效期届满时，经原安全生产许可证颁

发管理机关同意，不再审查，安全生产许可证有效期延期 3 年。

（5）建筑施工企业变更名称、地址、法定代表人等，应当在变更后 10 日内，到原安全生产许可证颁发管理机关办理安全生产许可证变更手续。

（6）建筑施工企业破产、倒闭、撤销的，应当将安全生产许可证交回原安全生产许可证颁发管理机关予以注销。

（7）建筑施工企业遗失安全生产许可证，应当立即向原安全生产许可证颁发管理机关报告，并在公众媒体上声明作废后，方可申请补办。

（8）安全生产许可证申请表采用中华人民共和国住房和城乡建设部规定的统一式样。

（二）监督管理

（1）县级以上人民政府建设主管部门应当加强对建筑施工企业安全生产许可证的监督管理。建设主管部门在审核发放施工许可证时，应当对已经确定的建筑施工企业是否有安全生产许可证进行审查，对没有取得安全生产许可证的，不得颁发施工许可证。

（2）跨省从事建筑施工活动的建筑施工企业有违反《建筑施工企业安全生产许可证管理规定》行为的，由工程所在地的省级人民政府建设主管部门将建筑施工企业在本地区的违法事实、处理结果和处理建议报告安全生产许可证颁发管理机关。

（3）建筑施工企业取得安全生产许可证后，不得降低安全生产条件，并应当加强日常安全生产管理，接受建设主管部门的监督检查。安全生产许可证颁发管理机关发现企业不再具备安全生产条件的，应当暂扣或者吊销安全生产许可证。

（4）安全生产许可证颁发管理机关或者其上级行政机关发现有下列情形之一的，可以撤销已经颁发的安全生产许可证。

①安全生产许可证颁发管理机关工作人员滥用职权、玩忽职守颁发安全生产许可证的。

②超越法定职权颁发安全生产许可证的。

③违反法定程序颁发安全生产许可证的。

④对不具备安全生产条件的建筑施工企业颁发安全生产许可证的。

⑤依法可以撤销已经颁发的安全生产许可证的其他情形。

依照规定撤销安全生产许可证，建筑施工企业的合法权益受到损害的，建设主管部门应当依法给予赔偿。

（5）安全生产许可证颁发管理机关应当建立、健全安全生产许可证档案管理制度，并定期向社会公布企业取得安全生产许可证的情况，每年向同级安全生产监督管理部门通报建筑施工企业安全生产许可证颁发和管理情况。

（6）建筑施工企业不得转让、冒用安全生产许可证或者使用伪造的安全生产许可证。

（7）建设主管部门工作人员在安全生产许可证颁发、管理和监督检查工作中，不得索取或者接受建筑施工企业的财物，不得谋取其他利益。

（8）任何单位或者个人对违反《建筑施工企业安全生产许可证管理规定》的行为，有权向安全生产许可证颁发管理机关或者监察机关等有关部门举报。

（三）对违反规定的处罚

（1）建设主管部门工作人员有下列行为之一的，给予降级或撤职的行政处分；构成犯罪的，依法追究刑事责任。

①向不符合安全生产条件的建筑施工企业颁发安全生产许可证的。

②发现建筑施工企业未依法取得安全生产许可证擅自从事建筑施工活动，不依法处理的。

③发现取得安全生产许可证的建筑施工企业不再具备安全生产条件，不依法处理的。

④接到对违反《建筑施工企业安全生产许可证管理规定》行为的举报后，不及时处理的。

⑤在安全生产许可证颁发、管理和监督检查工作中，索取或者接受建筑施工企业的财物，或者谋取其他利益的。

（2）取得安全生产许可证的建筑施工企业，发生重大安全事故的，暂扣安全生产许可证并限期整改。

（3）建筑施工企业不再具备安全生产条件的，暂扣安全生产许可证并限期整改；情节严重的，吊销安全生产许可证。

（4）违反《建筑施工企业安全生产许可证管理规定》，建筑施工企业未取得安全生产许可证擅自从事建筑施工活动的，责令其在建项目停止施工，没收违法所得，并处10万元以上、50万元以下的罚款；造成重大安全事故或者其他严重后果、构成犯罪的，依法追究刑事责任。

（5）违反《建筑施工企业安全生产许可证管理规定》，安全生产许可证有效期满未办理延期手续、继续从事建筑施工活动的，责令其在建项目停止施工，限期补办延期手续，没收违法所得，并处5万元以上、10万元以下的罚款；逾期仍不办理延期手续、继续从事建筑施工活动的，依照上一条的规定处罚。

（6）违反《建筑施工企业安全生产许可证管理规定》，建筑施工企业转让安全生产许可证的，没收违法所得，处10万元以上、50万元以下的罚款，并吊销安全生产许可证；构成犯罪的，依法追究刑事责任；接受转让的，依照《建筑施工企业安全生产许可证管理规定》第二十四条的规定处罚。

（7）违反《建筑施工企业安全生产许可证管理规定》，建筑施工企业隐瞒有关情况或者提供虚假材料申请安全生产许可证的，不予受理或者不予颁发安全生产许可证，并给予警告，1年内不得申请安全生产许可证。建筑施工企业以欺骗、贿赂等不正当手段取得安全生产许可证的，撤销安全生产许可证，3年内不得再次申请安全生产许可证；构成犯罪的，依法追究刑事责任。

（8）《建筑施工企业安全生产许可证管理规定》的暂扣、吊销安全生产许可证的行政处罚，由安全生产许可证的颁发管理机关决定；其他行政处罚，由县级以上地方人民政府建设主管部门决定。

第三节　安全管理体系、制度以及实施办法

一、建立安全生产管理体系

为了贯彻“安全第一、预防为主、综合治理”的方针，建立、健全安全生产责任制和群防群治制度，确保工程项目施工过程中的人身和财产安全，减少一般事故的发生，应结合工程的特点，建立施工项目安全生产管理体系。

（一）建立安全生产管理体系的原则

第一，要适用于建设工程施工项目全过程的安全管理和控制。

第二，依据《中华人民共和国建筑法》，职业安全卫生管理体系标准，国际劳工组织 167 号公约及国家有关安全生产的法律、行政法规和规程进行编制。

第三，建立安全生产管理体系必须包含的基本要求和内容。项目经理部应结合各自实际情况加以充实，建立安全生产管理体系，确保项目的施工安全。

第四，建筑施工企业应加强对施工项目的安全管理，指导、帮助项目经理部建立、实施并保持安全生产管理体系。施工项目安全生产管理体系必须由总承包单位负责策划建立，生产分包单位应结合分包工程的特点，制订相适宜的安全保证计划，并纳入接受总承包单位安全管理体系的管理。

（二）建立安全生产管理体系的作用

第一，职业安全卫生状况是经济发展和社会文明程度的反映，是所有劳动者获得安全与健康的保证，是社会公正、安全、文明、健康发展的基本标志，也是保持社会安定、团结和经济可持续发展的重要条件。

第二，安全生产管理体系对企业环境的安全卫生状态规定了具体的要求和限定，通过科学管理，使工作环境符合安全卫生标准的要求。

第三，安全生产管理体系的运行主要依赖于逐步提高、持续改进，是一个动态、自我调整和完善的管理系统，同时也是职业安全卫生管理体系的基本思想。

第四，安全生产管理体系是项目管理体系中的一个子系统，其循环也是整个管理系统循环的一个子系统。

二、安全生产管理方针

安全生产的各项制度应本着如下原则进行。

（一）安全意识在先

由于各种原因，我国公民的安全意识相对淡薄。关爱生命、关注安全是全社会政治、经济和文化生活的主题之一。重视和实现安全生产，必须有很强的安全意识。

（二）安全投入在先

生产经营单位要具备法定的安全生产条件，必须有相应的资金保障，安全投入是生产经营单位的“救命钱”。《安全生产法》把安全投入作为必备的安全保障条件之一，要求“生产经营单位应当具备的安全投入，由生产经营单位的决策机构、主要负责人或者个人经营的投资人予以保证，并对安全生产所必需的资金投入不足导致的后果承担责任”。不依法保障安全投入的，将承担相应的法律责任。

（三）安全责任在先

实现安全生产，必须建立、健全各级人民政府及有关部门和生产经营单位的安全生产责任制，各负其责，齐抓共管。《安全生产法》突出了安全生产监督管理部门和有关部门主要负责人及监督执法人员的安全责任，突出了生产经营单位主要负责人的安全责任，目的在于通过明确安全责任来促使他们重视安全生产工作，加强领导。

（四）建章立制在先

“预防为主”需要通过生产经营单位制定并落实各种安全措施和规章制度来实现。建章立制是实现“预防为主”的前提条件。《安全生产法》对生产经营单位建立、健全和组织实施安全生产规章制度和安全措施等问题做出的具体规定，是生产经营单位必须遵守的行为规范。

（五）隐患预防在先

消除事故隐患、预防事故发生是生产经营单位安全工作的重中之重。《安全生产法》从生产经营的各个主要方面，对事故预防的制度、措施和管理都做出了明确规定。只要认真贯彻实施，就能够把重大、特大事故的发生率大幅降低。

（六）监督执法在先

各级人民政府及其安全生产监督管理部门和有关部门强化安全生产监督管理，加大行政执法力度，是预防事故、保证安全的重要条件。安全生产监督管理工作的重点、关口必须前移，放在事前、事中监管上。要通过事前、事中监管，依照法定的安全生产条件，把住安全准入“门槛”，坚决把那些不符合安全生产条件或者不安全因素多、事故隐患严重的生产经营单位排除在安全准入“门槛”之外。

三、安全生产管理组织机构

（一）公司安全管理机构

建筑公司要设专职安全管理部门，配备专职人员。公司安全管理部门是公司一个重要的施工管理部门，是公司经理贯彻执行安全施工方针、政策和法规，实行安全目标管理的具体工作部门，是领导的参谋和助手。建筑公司施工队以上的单位，要设专职安全员或安全管理机构，公司的安全技术干部或安全检查干部应列为施工人员，不能随便调动。

根据国家建筑施工企业资质等级相关规定，建筑一、二级公司的安全员，必须持有中级岗位合格证书；三、四级公司安全员全部持有初级岗位合格证书。安全施工管理工作技术性、政策性、群众性很强，因此安全管理人员应挑选责任心强、有一定的经验和相当文化程度的工程技术人员担任，以利于促进安全科技活动，进行目标管理。

（二）项目处安全管理机构

公司下属的项目处，是组织和指挥施工的单位，对管理施工、管理安全有着极为重要的影响。项目处经理是本单位安全施工工作第一责任者，要根据本单位的施工规模及职工人数设置专职安全管理机构或配备专职安全员，并建立项目处领导干部安全施工值班制度。

（三）工地安全管理机构

工地应成立以项目经理为负责人的安全施工管理小组，配备专（兼）职安全管理员，同时要建立工地领导成员轮流安全施工值日制度，解决和处理施工中的安全问题和进行巡回安全监督检查。

（四）班组安全管理组织

班组是搞好安全施工的前沿阵地，加强班组安全建设是公司加强安全施工管理的基础。各施工班组要设不脱产安全员，协助班组长搞好班组安全管理。各班组要坚持岗位安全检查、安全值日和安全日活动制度，同时要坚持做好班组安全记录。由于建筑施工点多、面广、流动、分散，一个班组人员往往不会集中在一处作业。因此，工人要提高自我保护意识和自我保护能力，在同一作业面的人员要互相关照。

四、安全生产责任制

（一）总包、分包单位的安全责任

1. 总包单位的职责

（1）项目经理是项目安全生产的第一负责人，必须认真贯彻、执行国家和地方的有关安全法规、规范、标准，严格按文明安全工地标准组织施工生

产，确保实现安全控制指标和文明安全工地达标计划。

（2）建立、健全安全生产保证体系，根据安全生产组织标准和工程规模设置安全生产机构，配备安全检查人员，并设置5～7人（含分包）的安全生产委员会或安全生产领导小组，定期召开会议（每月不少于一次），负责对本工程项目安全生产

工作的重大事项及时做出决策，组织督促检查实施，并将分包的安全人员纳入总包管理，统一活动。

（3）根据工程进度情况除进行不定期、季节性的安全检查外，工程项目经理部每半月由项目执行经理组织一次检查，每周由安全部门组织各分包方进行专业（或全面）检查。对查到的隐患，责成分包方和有关人员立即或限期进行消除整改。

（4）工程项目部（总包方）与分包方应在工程实施前或进场的同时及时签订含有明确安全目标和职责条款划分的经营（管理）合同或协议书；当不能按期签订时，必须签订临时安全协议。

（5）根据工程进展情况和分包进场时间，应分别签订年度或一次性的安全生产责任书或责任状，做到总分包在安全管理上责任划分明确，有奖有罚。

（6）项目部实行“总包方统一管理，分包方各负其责”的施工现场管理体制，负责对发包方、分包方和上级各部门或政府部门的综合协调管理工作。工程项目经理对施工现场的管理工作负全面领导责任。

（7）项目部有权限期责令分包方将不能尽责的施工管理人员调离本工程，重新配备符合总包要求的施工管理人员。

2. 分包单位的职责

（1）分包单位的项目经理、主管副经理是安全生产管理工作的第一责任人，必须认真贯彻执行总包方在执行的有关规定、标准以及总包方的有关决定和指示，按总包方的要求组织施工。

（2）建立、健全安全保障体系。根据安全生产组织标准设置安全机构，配备安全检查人员，每50人要配备一名专职安全人员，不足50人的要设兼职安全人员，并接受工程项目安全部门的业务管理。

（3）分包方在编制分包项目或单项作业的施工方案或冬雨期方案措施时，必须同时编制安全消防技术措施，并经总包方审批后方可实施，如改变原方案，必须重新报批。

（4）分包方必须执行逐级安全技术交底制度和班组长班前安全讲话制度，并跟踪检查管理。

（5）分包方必须按规定执行安全防护设施、设备验收制度，并履行书面验收手续，建档存查。

（6）分包方必须接受总包方及其上级主管部门的各种安全检查并接受奖罚。在生产例会上应先检查、汇报安全生产情况。在施工生产过程中，切实把好安全教育、检查、措施、交底、防护、文明、验收等七关，做到预防为主。

（7）对安全管理纰漏多、施工现场管理混乱的分包单位除进行罚款处理外，对于问题严重、屡禁不止，甚至不服从管理的分包单位，予以解除经济合同。

3. 业主指定分包单位的职责

（1）必须具备与分包工程相应的企业资质，并具备“建筑施工企业安全资格认可证”。

（2）建立、健全安全生产管理机构，配备安全员；接受总包方的监督、协调和指导，实现总包方的安全生产目标。

（3）独立完成安全技术措施方案的编制、审核和审批，对自行施工范围内的安全措施、设施进行验收。

（4）对分包范围内的安全生产负责，对所辖职工的身体健康负责，为职工提供安全的作业环境，自带设备与手持电动工具的安全装置齐全、灵敏、可靠。

（5）履行与总包方和业主签订的总分包合同及“安全管理责任书”中的有关安全生产条款。

（6）自行完成所辖职工的合法用工手续。

（7）自行开展总包方所规定的各项安全活动。

（二）租赁双方的安全责任

1. 大型机械（塔式起重机、外用电梯等）租赁、安装、维修单位的职责

（1）各单位必须具备相应资质。

（2）所租赁的设备必须具备统一编号，其机械性能良好，安全装置齐全、灵敏、可靠。

（3）在当地施工时，租赁外埠塔式起重机和施工用电梯或外地分包自带塔式起重机和施工用电梯，使用前必须在本地建设主管部门登记备案并取得统一临时编号。

（4）租赁、维修单位对设备的自身质量和安装质量负责，定期对其进行维修、保养。

（5）租赁单位向使用单位配备合格的司机。

2. 承租方对施工过程中设备的使用安全负责

承租方对施工过程中设备的使用安全责任，应参照相关安全生产管理条例的规定。

（三）交叉施工（作业）的安全责任

（1）总包和分包的工程项目负责人，对工程项目中的交叉施工（作业）负总的指挥、领导责任。总包对分包、分包对分项承包单位或施工队伍，要加强安全消防管理，科学组织交叉施工，在没有针对性的书面技术交底、方案和可靠防护措施的情况下，禁止上下交叉施工作业，防止和避免发生事故。

（2）总包与分包、分包与分项外包的项目工程负责人，除在签署合同或协议中明确交叉施工（作业）各方的责任外，还应签订安全消防协议书或责任状，划分交叉施工中各方的责任区和各方的安全消防责任，同时应建立责任区及安全设施的交接和验收手续。

（3）交叉施工作业上部施工单位应为下部施工人员提供可靠的隔离防护措施，确保下部施工作业人员的安全。在隔离防护设施未完善前，下部施工作业人员不得进行施工。隔离防护设施完善后，经上下方责任人和有关人员验收合格后，才能进行施工作业。

（4）工程项目或分包的施工管理人员在交叉施工前，对交叉施工的各方做出明确的安全责任交底，各方必须在交底后组织施工作业。安全责任交底中，应对各方的安全消防责任、安全责任区的划分，安全防护设施的标准、维护等内容做出明确要求，并经常监督和检查执行情况。

（5）交叉施工作业中的隔离防护设施及其他安全防护设施由安全责任方提供。当安全责任方因故无法提供防护设施时，可由非责任方提供，责任方负责日常维护和支付租赁费用。

（6）交叉施工作业中的隔离防护设施及其他安全防护设施的完善和可靠性，应由责任方负责。由于隔离防护设施或安全防护存在缺陷而导致的人身伤害及设备、设施、料具的损失责任，由责任方承担。

（7）工程项目或施工区域出现交叉施工作业安全责任不清或安全责任区划分不明确时，总包和分包应积极、主动地进行协调和管理。各分包单位之间进行交叉施工，其各方应积极主动予以配合，在责任不清、意见不统一时，由总包的工程项目负责人或工程调度部门出面协调、管理。

（8）在交叉施工作业中，防护设施（如电梯井门、护栏、安全网、坑洞口盖板等）完善验收后，非责任方不经总包、分包或有关责任方同意，不准任意改动。因施工作业必须改动时，写出书面报告，须经总、分包和有关责任方同意才准改动，但必须采取相应的防护措施。工作完成或下班后必须恢复原状，否则非责任方负一切后果责任。

（9）电气焊割作业严禁与油漆、喷漆、防水、木工等进行交叉作业，在工序安排上应先安排焊割等明火作业。如果必须先进行油漆、防水作业，施工管理人员在确认排除有燃爆可能的情况下，再安排电气焊割作业。

（10）凡进总包施工现场的各分包单位或施工队伍，必须严格执行总包方所执行的标准、规定、条例、办法，按标准化文明安全工地组织施工。对于不按总包方要求组织施工、现场管理混乱、隐患严重、影响文明安全工地整体达标或给交叉施工作业的其他单位造成不安全问题的分包单位或施工队伍，总包方有权给予经济处罚或终止合同，清出现场。

第八章　塔式起重机安全管理

塔式起重机，其起重臂与塔身能互成垂直，可把它安装在靠近建筑物的周围，其工作幅度的利用率比普通起重机高，可达 80%。塔式起重机的工作高度可达 100 ~ 160 m，故被广泛用于高层建筑施工。

第一节　塔式起重机安全技术要求

一、塔式起重机的技术性能参数和主要类型

（一）基本技术性能参数

1. 起重力矩

它是塔式起重机起重能力的主要参数。起重力矩（N·m）= 起重量 × 工作幅度。

2. 起重量

它是起重吊钩上所悬挂的索具与重物的重量之和（N）。对于起重量要考虑两个数据：第一，最大工作幅度时的起重量，第二，最大额定起重量。

3. 工作幅度

也称回转半径，它是起重吊钩中心到塔式起重机回转中心线之间的水平距离（m）。

4. 起重高度

在最大工作幅度时，吊钩中心至轨顶面的垂直距离（m）。

5. 轨距

视塔式起重机的整体稳定和经济效果而定。

（二）主要类型

1. 塔式起重机按工作方法划分

可分为固定式塔式起重机与运行式塔式起重机两种。

（1）固定式塔式起重机

塔身不移动，靠塔臂的转动和小车变幅来完成壁杆所能达到的范围内的作业，如爬升式、附着式塔式起重机等。

（2）运行式塔式起重机

可由一个作业面移到另一个作业面，并可载荷运行。在建筑群中使用，不需拆卸，即可通过轨道移到新的工作点，如轨道式塔式起重机。

2. 按旋转方式划分

可分为上旋式和下旋式两种。

（1）上旋式

塔身不旋转，在塔顶上安装可旋转的起重臂，起重臂旋转时不受塔身限制。

（2）下旋式

塔身与起重臂共同旋转，起重臂与塔顶固定。

二、塔式起重机的主要安全装置

塔式起重机的主要安全装置包括起重量限制器、高度限制器、力矩限制器、行程限制器、幅度限制器、卷筒保险装置及吊钩保险装置。

（一）起重量限制器

它是一种能使起重机不至超负荷运行的保险装置，当吊重超过额定起重量时，能自动切断提升机构的电源，停车或发出警报。

（二）高度限制器

高度限制器一般都装在起重臂的头部，当吊钩滑升到极限位置，便托起杠杆，压下限位开关，切断电路停车，再合闸时，吊钩只能下降。

（三）力矩限制器

力矩限制器的作用是在某一定幅度范围内，如果被吊物重量超出起重机额定起重量，电路就被切断，使起升不能进行，保证了起重机的稳定安全。

（四）行程限制器

它是一种防止起重机发生撞车或限制在一定范围内行驶的保险装置。

（五）幅度限制器

一般的动臂起重机的起重臂上都挂有这个幅度限制器。当起重臂变幅时，臂杆运行到上下两个极限位置时，会压下限位开关，切断主控制电路，变幅电机停车，达到限位的作用。

（六）卷筒保险装置

为防止钢丝绳因缠绕不当越出卷筒之外造成事故，应设置卷筒保险装置。

（七）吊钩保险装置

吊钩保险装置是防止吊钩上的吊索自动脱落的一种保险装置。

三、塔式起重机的稳定性验算

对塔式起重机在吊重状态和不工作状态两种情况，都应进行稳定性计算。前者称为“起重稳定性”，后者称为“自重稳定性”。由于塔式起重机的围转幅度大、起重高度高，计算时还应考虑风荷载、惯性力和地面倾斜度等因素的影响。

四、塔式起重机使用的安全技术要求

塔式起重机使用的安全技术要求，分附着式、爬升式与轨道式。

（一）附着式、爬升式塔式起重机的安全技术要求

附着式、爬升式塔式起重机除需满足塔式起重机的通用安全技术要求外，还应遵守以下事项。

第一，附着式或爬升式起重机的基础和附着的建筑物其受力强度必须满足塔式起重机的设计要求。

第二，附着式塔式起重机安装时，应用经纬仪检查塔身的垂直情况并用撑杆调整垂直度。每道附着装置的撑竿的布置方式、相互间隔和附墙距离应按附着式塔式起重机制造厂要求。

第三，附着装置在塔身和建筑物上的框架，必须固定可靠，不得有任何松动。

第四，起重机载人专用电梯断绳保护装置必须可靠，电梯停用时，应降至塔身底部位置，不得长期悬在空中。

第五，如风力达到 4 级以上，不得进行顶升、安装、拆卸等作业。

第六，塔身顶升时，必须使吊臂和平衡臂处于平衡状态，并将回转部分制动住。顶升到规定高度后必须先将塔身附着在建筑物上后方可继续顶升。

第七，塔身顶升完毕后，各连接螺栓应按规定的力矩值紧固，爬升套架滚轮与塔身应吻合良好。

（二）轨道式塔式起重机的安全技术要求

为保证轨道式塔式起重机的使用安全和正常作业，起重机的路基和轨道的铺设必须严格按以下规定执行。

1. 路基施工前必须经过测量放线，定好平面位置和标高。

2. 路基范围内如有洼坑、洞穴、渗水井、垃圾堆等，应先消除干净，然后用素土填平并分层压实，土壤的承载能力要达到规定的要求。中型塔式起重机的路基土壤承载能力为 80 ~ 120（kN/m^2），而重型塔式起重机的则为 120 ~ 160（kN/m^2）。

3. 为保证路基的承载能力使枕木不受潮湿，应在压实的土壤上铺一层 50 ~ 100 mm 厚含水少的黄沙并压实，然后铺设厚度为 250 mm 左右粒径为

50 ~ 80 mm 的道非层（碎石或卵石层）并压实。路基应高出地面 250 mm 以上，上宽 1 850 mm 左右。路基旁应设置排水沟。

4. 轨距偏差不得超过其名义值的 1/1000，在纵横方向上钢轨顶面的倾斜度不大于 1/1000。

5. 两道轨道的接头必须错开，钢轨接头间隙在 3 ~ 6mm 之间，接头处应架在轨枕上，两端高差不大于 2 mm。

6. 距轨道终端 1 m 处必须设置极限位置阻挡器，其高度应不小于行走轮半径。

轨道式塔式起重机的位置应与建筑物保持适当的距离，以免行走时台架与建筑物相碰而发生事故。

起重机安装好后，要按规定先进行检验和试吊，确认没有问题后，方可进行正式吊装作业。起重机安装后，在无载荷情况下，塔身与地面的垂直度偏差值不得超过 3/1000。

塔式起重机作业前专职安全员除认真进行轨道检查外，还应重点检查起重机各部件是否正常，是否符合标准和规定。

操纵各安全控制操作时力求平稳，序急开急停。

吊钩提升接近壁杆顶部、小车行至端点或起重机行走接近轨道端部时，应减速缓行至停止位置。吊钩距臂杆顶部不得小于 1 m，起重机距轨道端部不得小于 2 m。

两台起重机同在一条轨道上或在相近轨道上进行作业时，两机最小间距不得小于 5 m。

起重机转弯时应在外轨道面上撒上砂子，内轨面及两翼涂上润滑脂，配重箱转至转弯外轮的方向。严禁在弯道上进行吊装作业或吊重物转弯。

作业后，起重机应停放在轨道中间位置，壁杆应转到顺风方向，并放松回转制动器。小车及平衡重应移到非工作状态位置。吊钩提升到离臂杆顶端 2 ~ 9 m 处。将每个控制开关拨至零位，依次断开各路开关，切断电源总开关。最后锁紧夹轨器，使起重机与轨道固定。

第二节　塔式起重机施工方案

塔式起重机的安装和拆卸是一项既复杂又危险的工作，再加上塔式起重机的类型较多，作业环境不同，安装队伍的熟悉程度不一，所以要求工作之前必须针对塔式起重机的类型、特点及说明书的要求，结合作业条件，制定详细的施工方案，具体包括作业程序、作业人员的数量及工作位置、配合作业的起重机械类型及工作位置、索具的准备和现场作业环境的防护等。对于自升塔的顶升工作，必须有吊臂和平衡臂保持平衡状态的具体要求、顶升过程中的顶升步骤及禁止回转作业的可靠措施等。

专项安全施工方案的主要内容包括以下六个方面。

一、现场勘测

现场勘测包括施工现场的地形、地貌，作业场地周边环境，运输道路及架体安装作业的场地、空间，在建工程的基本情况，外电线路和现场用电的基本情况，塔式起重机拟安装的位置和地下管、线及地下建筑物的情况，土壤承载能力等。

二、塔式起重机基础（路基和轨道）

在确定塔式起重机的安装位置时，应考虑以下八项内容。

第一，塔式起重机起重（平衡）臂与建筑物及建筑物外围施工设计之间的安全距离。

第二，塔式起重机的任何部位与架空线路之间的安全距离。

第三，多塔作业时的防碰撞措施。

第四，塔式起重机基础（或路基和轨道）的设计（包括地基的处理）。

第五，塔式起重机基础（或路基和轨道）排水的设计。

第六，架体附着装置、架体附着装置与建筑物连接点的设计、制作，有关材料的材质、规格和尺寸。

第七，架体和轨道用于电气保护的接地装置的设计和验收。

第八，塔式起重机基础（路基和轨道）和架体附着等的设计。

以上项目均应符合塔式起重机使用说明书和有关规范中关于塔式起重机安全使用的要求。

三、塔式起重机安全装置的设置与技术要求

塔式起重机安全装置的设置与技术要求包括应配备的安全装置及其型号、规格、技术参数，安装及验收的要求和规则，塔式起重机安全装置的设置及有关技术要求应遵守塔式起重机使用说明书和有关规范的规定。此外，还包括传动系统的技术要求（应符合使用说明书和有关规范的要求），附着装置的设置及附着装置与建筑物的连接；架体的接地装置与避雷装置的设置，夹轨钳的设置和使用，架体超高时的避雷及避撞装置的设计；塔式起重机作业时的指挥和通信等。

四、塔式起重机作业的安全技术措施

塔式起重机作业的安全技术措施包括塔式起重机司机和指挥人员的资格，塔式起重机及其安全装置的检查、维修和保养制度，作业区域的管制措施，有关安全用电的措施，有关的安全标志，夜间作业及上、下塔式起重机通道的照明设置，上、下塔式起重机的电梯安全使用措施，突发性天气影响的对应措施和季节性施工的安全措施等。

五、塔式起重机安装和拆除的技术要求

塔式起重机安装和拆除的技术要求包括进行塔式起重机安装和拆除作业的队伍及其作业人员的资格，塔式起重机安装及拆除前的准备，安装及拆除作业的作业顺序，作业时应遵守的规定，架体首次安装的高度及每次分段安装的高度，首次安装和分段安装的技术要求，架体的安装精度及验收的方法

和标准等。

六、有关的施工图纸

有关的施工图纸包括塔式起重机基础（路基和轨道）、附着装置的平面图、立面图和细部构造的节点详图等施工图纸。

第三节　塔式起重机安全管理一般项目

为保证建筑工程的塔式起重机的安全使用，施工企业除必须做好上述保证项目的安全保证工作外，在其他一般项目的安全管理方面也必须加以重视这些一般项目包括附着装置、基础与轨道、结构设施、电气安全等。

一、基础与轨道

必须掌握塔机混凝土基础底下的地质构造，不能有涵管、防空洞等。土质应达到设计规定的地耐力要求，否则应采取打基础桩等技术要求。

混凝土基础除要保证外形尺寸、混凝土级别、配筋设置达到要求外，特别要注意预埋地脚螺栓与钢筋、塔机地面定位之间的施工焊接工艺，尤其是对中碳钢制的地脚螺栓更应防止焊接缺陷和应力集中存在。

混凝土基础附近不能挖坑，否则必须打围护桩进行保护，以确保基础在塔式起重机使用过程中不移位、倾斜。

行走或塔式起重机路基要坚实、平整，枕木材质要合格，铺设要符合设计要求，道钉与接头螺栓的设置要符合规定。

二、结构设施

主要结构件的变形、锈蚀应在允许范围内；平台、走道、梯子、护栏的设置应符合规范要求；高强螺栓、销轴、紧固件的紧固、连接应符合规范要求，高强螺栓应使用力矩扳手或专用工具紧固。

三、附墙装置

（一）附墙装置的安装应注意以下六个方面

第一，附墙杆与建筑物的夹角以45°～60°为宜，至于采用哪种方式，要根据塔式起重机和建筑物的结构而定。第二，附墙杆与建筑物连接必须牢固，保证起重作业中塔身不产生相对运动，在建筑物上打孔与附墙杆连接时，孔径应与连接螺栓的直径相称。分段拼接的各附着杆、各连接螺栓、销子必须安装齐全，各连接件的固定要符合要求。第三，塔机的垂直度偏差，自由高度时为3‰，安装附墙后为1‰。第四，当塔式起重机未超过允许的自由高度，而在地基承受力弱的场合或风力较大的地段施工，为避免塔机在弯矩作用下基础产生不均匀沉陷以及其他意外事故，必须提前安装附着装置。第五，因附墙杆只能受拉、受压，不能受弯，故其长度应能调整，一般调整范围为200 mm为宜。第六，机附墙的安装，必须在靠近现浇柱处。

（二）附着装置的使用要求如下

第一，附着在建筑物时其受力强度必须满足设计要求且必须使用塔式起重机生产厂家产品。第二，附着时应用经纬仪检查塔身垂直度，并进行调整。每道附着装置的撑竿布置方式、相互间隔以及附着装置的垂直距离应按照说明书规定。第三，当由于工程的特殊性需改变附着杆的长度、角度时，应对附着装置的强度、刚度和稳定性进行验算，确保不低于原设计的安全度。第四，轨道式起重机作附着式使用时，必须提高轨道基础的承载能力并切断行走机构的电源。第五，一般塔式起重机的使用说明书都对附墙高度有明确规定，必须按规定严格执行。

四、电气安全

塔式起重机与外电线间要保证足够的安全操作距离，当小于安全距离时要有符合要求的防护措施。轨道要按现行行业标准《施工现场临时用电安全技术规范（附条文说明）》（JGJ 46–2005）做接地、接零保护。应有能确保使用功能的卷线器。

由于塔式起重机是金属结构体，因此塔式起重机的任何部位及被吊物边缘与架空线路安全距离都必须满足表 8-1 的要求。

表 8-1　塔式起重机与输送电线的安全距离

位置	电压 /kV				
	< 1	1 ~ 15	20 ~ 40	60 ~ 110	220
沿垂直方向 /m	1.5	3	4	5	6
沿水平方向	1	1.5	2	4	6

如果不符合要求，则必须采取保护措施，增加屏障、遮拦、围栏或防护网，悬挂醒目的警告标志牌。严禁塔式起重机设置在有外电线路的一侧。防护措施要根据施工现场的实际情况，按照施工现场临时用电的外电防护规范进行制定。

塔式起重机要有专用电箱，并由专用电缆供电。塔式起重机专用电箱至少应配置带熔断器的主隔离开关、具有短路及失压保护的空气自动开关、漏电保护器。

电缆线因重量大，长期悬挂时，电缆线机械性能将改变，从而影响供电的可靠性，故需固定。可采用瓷柱、瓷瓶等方式固定，禁止用金属裸线绑扎固定。电缆线拖地易被重物或车辆压坏，易被磨破皮，破坏其绝缘性，也易浸水，造成线路短路故障，接头破损后易造成现场工人触电事故。

起重臂距地面高度大于 50 m 时，在塔顶与臂架头部应设避雷装置。避雷接地体的材料要采用角钢、钢管、圆钢，不允许采用螺纹钢。接地线与塔式起重机的连接可用螺栓连接或焊接，用螺栓连接时应有防锈、防腐蚀、防松动措施，以使接地可靠；接地线应采用钢筋，不能用铜丝或铝丝；避雷接地要有明显的测试点。

第四节　塔式起重机安全管理保证项目

为保证建筑工程的塔式起重机的安全使用，施工企业必须做好荷载限制装置设置，行程限位装置设置，保护装置设置，吊钩、滑轮、卷筒与钢丝绳规定，多塔作业规定，安拆、验收与使用规定等安全保证工作。

一、行程限位装置

限位器有变幅限位器、超高限位器、回转限位器及行走限位器四种。

（一）变幅限位器

变幅限位器有动臂变幅与小车变幅两种。

1. 动臂变幅

塔式起重机变换作业半径（幅度）是依靠改变起重臂的仰角来实现的。通过装置触点的变化，将灯光信号传递到司机室的指示盘上，并指示仰角度数，当控制起重臂的仰角分别到了上下限位时，则分别压下限位开关切断电源，防止超过仰角造成塔式起重机失稳。现场做动作验证时，应由有经验的人员做监护指挥，防止发生事故。

2. 小车变幅

塔式起重机采用水平臂架，吊重悬挂在起重小车上，靠小车在臂架上水平移动实现变幅。小车变幅限位器是利用安装在起重臂头部和根部的两个行程开关及缓冲装置对小车运行位置进行限定。

（二）超高限位器

超高限位器也称上升极限位置限制器，即当塔式起重机吊钩上升到极限位置时，自动切断起升机构的上升电源，机构可作下降运动，防止吊钩上升超过极限而损坏设备并发生事故的安全装置。有重锤式和蜗轮蜗杆式两种，一般安装在起重臂头部或起重卷扬机上。超高限位器应能保证动力切断后，吊钩架与定滑轮的距离至少有两倍的制动行程，且不小于 2 m。安全检查时，可对超高限位器现场做试验确认。

（三）回转限位器

回转限位器防止电缆扭转过度而断裂或损坏电缆，造成事故。一般安装在回转平台上，与回转大齿圈啮合。其作用是限制塔机朝一个方向旋转一定圈数后，切断电源，只能作反方向旋转。安全检查时，可对其现场做试验确认。

（四）行走限位器

行走限位器是控制轨道式塔式起重机运行时不发生出轨事故。安全检查时，应进行塔式起重机行走动作试验，碰撞限位器验证其可靠性。

二、荷载限制装置

安装力矩限制器后，当发生重量超重或作业半径过大而导致力矩超过该塔式起重机的技术性能时，即自动切断起升或变幅动力源，并发出报警信号，防止发生事故。

装有机械型力矩限制器的动臂变幅式塔式起重机，在每次变幅后，必须及时对超载限位的吨位按照作业半径的允许载荷进行调整。对塔式起重机试运转记录进行检查，确认该机当时对力矩限制器的测试结果符合要求，且力矩限制器系统综合精度满足 ±5% 的规定。

有的塔式起重机机型同时装有超载限制器（起升载荷限制器），当荷载达到额定起重量的 90% 时，发出报警信号；当起重量超过额定起重量时，切断上升方向的电源，机构可作下降方向运动。进行安全检查时，应同时进行试验确认。

进行安全检查时，若现场无条件检查力矩限制器，则可通过另两种方式进行检查：第一，可检查安装后的试运转记录，第二，可检查其公司平时的日常安全检查记录。

三、保护装置

小车变幅的塔式起重机应安装断绳保护及断轴保护装置，并符合规范要求；行走及小车变幅的轨道行程末端应安装缓冲器及止挡装置，并应符合规范要求；起重臂根部铰点高度大于 50 m 的塔式起重机应安装风速仪，并应灵敏可靠；当塔式起重机顶部高度大于 30 m 且高于周围建筑物时，应安装障碍指示灯。

四、吊钩、滑轮、卷筒与钢丝绳

保险装置有滑轮防绳滑脱装置、吊钩保险装置、卷筒保险装置和爬梯护圈四种。

（一）滑轮防绳滑脱装置

这种装置实际上是滑轮总成的一个不可分割的组成部分，它的作用是把钢丝绳束缚在滑轮绳槽里以防跳槽。

（二）吊钩保险装置

吊钩保险装置主要防止当塔式起重机工作时，重物下降被阻碍但吊钩仍继续下降而造成的索具脱钩事故。工作中使用的吊钩必须有制造厂的合格证书，吊钩表面应光滑，不得有裂纹、刻痕、锐角等现象存在。部分塔式起重机出厂时，吊钩无保险装置，如自行安装保险装置，应采取环箍固定，禁止在吊钩上打眼或焊接，防止影响吊钩的机械性能。另外，弹簧锁片与吊钩的磨损值不得超过钩口尺寸的 10%。

（三）卷筒保险装置

卷筒保险装置主要防止当传动机构发生故障时，造成钢丝绳不能够在卷筒上顺排，以致越过卷筒端部凸缘，发生咬绳等事故。当吊物需中间停止时，使用的滚筒棘轮保险装置防止吊物自由向下滑动。其一般安装在起升卷扬机的滚筒上。

（四）爬梯护圈

当爬梯的通道高度大于 5 m 时，从平台以上 2 m 处开始设置护圈。护圈应保持完好，不能出现过大变形和少圈、开焊等现象。

当爬梯设于结构内部时，如爬梯与结构的间距小于 1.2 m，可不设护圈，上塔人行通道是为行走和检修的需要而设置的，为防止工作人员发生高处坠落事故，故需设安全防护栏杆，防护栏杆应由上、下两根横杆及立杆组成，上杆离平台高度为下杆离平台高度为 0.5 ~ 0.6 m，并由安全立网进行封闭。栏杆应能承受 1000N 水平移动的集中载荷。

五、多塔作业

两台以上塔式起重机作业，应编制防碰撞安全技术措施。防碰撞安全技术措施的制订应按《建筑塔式起重机安全规程》的标准：两台起重机之间的最小架设距离应保证处于低位的起重机的臂架端部与另一台起重机的塔身之间至少有 2m 的距离；处于高位的起重机（吊钩升至最高点）与低位的起重机之间，在任何情况下，其垂直方向的间隙不得小于 2 m。多台塔式起重机同时作业，要保证上下左右安全距离，要有方案和可靠的防碰撞安全措施。塔式起重机在风力达到 4 级以上时，不得进行顶升、安装、拆卸作业，作业时突然遇到风力加大，必须立即停止作业；6 级风力以上，禁止塔式起重机作业。

六、安拆、验收与保养

出租单位在建筑起重机械首次出租前，自购建筑起重机械的使用单位在建筑起重机械首次安装前，应持建筑起重机械特种设备制造许可证、产品合格证和制造监督检验证明，到本单位工商注册所在地县级以上地方人民政府建设主管部门办理备案。应当在签订的建筑起重机械租赁合同中，明确租赁双方的安全责任，并出具建筑起重机械特种设备制造许可证、产品合格证、制造监督检验证明、备案证明和自检合格证明，提交安装使用说明书。

建筑起重机械安全技术档案应当包括购销合同、制造许可证、产品合格证、制造监督检验证明、安装使用说明书、备案证明等原始资料；定期检验报告、定期自行检查记录、定期维护保养记录、维修和技术改造记录、运行故障和生产安全事故记录、累计运转记录等运行资料。

安装单位应当依法取得建设主管部门颁发的相应资质和建筑施工企业安全生产许可证，并在其资质许可范围内承揽建筑起重机械安装、拆卸工程。建筑起重机械使用单位和安装单位应当在签订的建筑起重机械安装、拆卸合同中明确双方的安全生产责任。安装单位应当履行下列安全职责。第一，按照安全技术标准及建筑起重机械性能要求，编制建筑起重机械安装、拆卸工程专项施工方案，并由本单位技术负责人签字。第二，按照安全技术标准及安装使用说明书等检查建筑起重机械及现场施工条件。第三，组织安全施工技术交底并签字确认。第四，制定建筑起重机械安装、拆卸工程生产安全事故应急救援预案。第五，将建筑起重机械安装、拆卸工程专项施工方案，安装、拆卸人员名单，安装、拆卸时间等材料报施工总承包单位和监理单位审核后，告知工程所在地县级以上地方人民政府建设主管部门。

安装单位应当按照建筑起重机械安装、拆卸工程专项施工方案及安全操作规程组织安装、拆卸作业。安装单位的专业技术人员、专职安全生产管理人员应当进行现场监督，技术负责人应当定期巡查。建筑起重机械安装完毕后，安装单位应当按照安全技术标准及安装使用说明书的有关要求对建筑起重机械进行自检、调试和试运转。自检合格的，应当出具自检合格证明，并向使用单位进行安全使用说明。安装单位应当建立建筑起重机械安装、拆卸工程档案。建筑起重机械安装、拆卸工程档案应当包括以下资料。第一，安装、拆卸合同及安全协议书。第二，安装、拆卸工程专项施工方案。第三，安全施工技术交底的有关资料。第四，安装工程验收资料。第五，安装、拆卸工程生产安全事故应急救援预案。

有下列情形之一的建筑起重机械，不得出租、使用：第一，属国家明令淘汰或者禁止使用的。第二，超过安全技术标准或者制造厂家规定的使用年限的。第三，经检验达不到安全技术标准规定的。第四，没有完整安全技术档案的。第五，没有齐全有效的安全保护装置的。

总承包单位应当履行下列安全职责：第一，向安装单位提供拟安装设备位置的基础施工资料，确保建筑起重机械进场安装、拆卸所需的施工条件。第二，审核建筑起重机械的特种设备制造许可证、产品合格证、制造监督检验证明、备案证明等文件。第三，审核安装单位、使用单位的资质证书、安全生产许可证和特种作业人员的特种作业操作资格证书。第四，审核安装单位制定的建筑起重机械安装、拆卸工程专项施工方案和生产安全事故应急救援预案。第五，审核使用单位制定的建筑起重机械生产安全事故应急救援预案。第六，指定专职安全生产管理人员监督检查建筑起重机械安装、拆卸、使用情况。第七，施工现场有多台塔式起重机作业时，应当组织制定并实施防止塔式起重机相互碰撞的安全措施。

使用单位应当履行下列安全职责：第一，根据不同施工阶段、周围环境以及季节、气候的变化，对建筑起重机械采取相应的安全防护措施。第二，制定建筑起重机械生产安全事故应急救援预案。第三，在建筑起重机械活动范围内设置明显的安全警示标志，对集中作业区做好安全防护。第四，设置相应的设备管理机构或者配备专职的设备管理人员。第五，指定专职设备管理人员，专职安全生产管理人员进行现场监督检查。第六，建筑起重机械出现故障或者发生异常情况的，立即停止使用，消除故障和事故隐患后，方可重新投入使用。使用单位应当对在用的建筑起重机械及其安全保护装置、吊具、索具等进行经常性、定期的检查、维护和保养，并做好记录。

建筑起重机械安装完毕后，使用单位应当组织出租、安装、监理等有关单位进行验收，或者委托具有相应资质的检验检测机构进行验收。建筑起重机械经验收合格后方可投入使用，未经验收或者验收不合格的不得使用，使用单位应当自建筑起重机械安装验收合格之日起 30 日内，将建筑起重机械安装验收资料、建筑起重机械安全管理制度、特种作业人员名单等，向工程所在地县级以上地方人民政府建设主管部门办理建筑起重机械使用登记，登记标志置于或者附着于该设备的显著位置。

使用单位在建筑起重机械租期结束后，应当将定期检查、维护和保养记录移交出租单位。建筑起重机械租赁合同对建筑起重机械的检查、维护、保养另有约定的，从其约定。建筑起重机械在使用过程中需要附着顶升的，使用单位应当委托原安装单位或者具有相应资质的安装单位按照专项施工方案实施，验收合格后方可投入使用。禁止擅自在建筑起重机械上安装非原制造厂制造的标准节和附着装置。验收表中需要有实测数据的项目，如垂直度偏差、接地电阻等，必须附有相应的测试记录或报告。

验收单位、安装单位、使用单位负责人都在验收表中签字确认后，验收表才算正式有效。

塔式起重机使用必须有完整的运转记录，这些记录作为塔式起重机技术档案的一部分，应归档保存。每个台班都要如实做好设备的运转、交接签字和设备的维修保养记录。交接班记录要求有每个台班的设备运转情况记录，设备的维修记录要对维修设备的主要零配件更换情况进行记录。

塔式起重机在露天工作，环境恶劣，必须及时正确进行维护保养，使机械处于完好状态，高效安全地运行，避免和消除可能发生的故障，提高机械使用寿命。机械的保养应该做到：清洁、润滑、紧固、防腐。

塔式起重机的维护保养分日常保养、一级保养和二级保养：日常保养在班前班后进行，一级保养每工作 1000 小时进行一次，二级保养每工作 3 000 小时进行一次。

塔式起重机的安装与拆卸必须由取得建设行政主管部门颁发的《拆装许可证》的专业队伍进行，且安装人员必须有《安装资格证书》。塔式起重机安装完毕，必须由安装队长、塔式起重机司机、工地的技术、施工、安全等负责人进行量化验收签字。塔式起重机安装、加节，需经上级安全部门、设备部门会同安装单位和使用单位共同检查验收，符合要求后方能使用。塔式起重机的验收必须按《建筑机械使用安全技术规程》（JGJ 33–2012）和安装方案进行验收，即资料部分、结构部分、机械部分、塔机与输电线路距离、安全装置等。在安装、加节和拆卸方案中，较危险过程一定要有具体安全措施，如平臂与起重臂的平衡问题，顶升加节时禁止回转运行问题等。塔式起重机的安装、加节与拆卸是一项技术性很强的工作，必须按使用说明书和现场的具体情况制订详尽的技术方案。制订的方案必须由公司的施工技术负责人审批方可实施。作业时，必须严格按方案制订的程序进行。

第九章　脚手架工程施工与高处作业安全管理

第一节　脚手架工程施工安全管理

一、扣件式钢管脚手架

（一）搭设要求

1. 底座安放

脚手架的放线定位应根据立柱的位置进行。脚手架的立柱不能直接立在地面上，立柱下必须加设底座或垫块。底座安放应符合下列要求：第一，底座、垫板均应准确地放在定位线上。第二，垫块应采用长度不小于 2 跨、厚度不小于 50 mm、宽度不小 200 mm 的木垫板。

2. 立杆搭设

（1）相邻立杆的对接应符合下列规定：第一，当立杆采用对接接长时，立杆的对接扣件应交错布置，两根相邻立杆的接头不应设置在同步内，同步内隔一根立杆的两个相隔接头在高度方向错开的距离不宜小于 500 mm；各接头中心至主节点的距离不宜大于步距的 1/3。第二，当立杆采用搭接接长时，搭接长度不应小于 1 m，并应采用不少于 2 个旋转扣件固定。端部扣件盖板的边缘至杆端距离不应小于 100 mm。

（2）脚手架开始搭设立杆时，应每隔 6 跨设置一根抛撑，直至连墙件安装稳定后，方可根据情况拆除。

（3）当架体搭设至有连墙件的主节点时，在搭设完该处的立杆、纵向水平杆、横向扫地杆后，应立即设置连墙件。

3. 纵向水平杆搭设

（1）脚手架纵向水平杆应随立杆按步搭设，并应采用直角扣件与立杆固定。

（2）纵向水平杆的搭设应符合相关规定。

（3）在封闭型脚手架的同一步中，纵向水平杆应四周交圈设置，并应用直角扣件与内外角部立杆固定。

4. 横向水平杆搭设

（1）作业层上非主节点处的横向水平杆，宜根据支承脚手板的需要等间距设置，最大间距不应大于纵距的 1/2。

（2）当使用冲压钢脚手板、木脚手板、竹串片脚手板时，双排脚手架的横向水平杆两端均应采用直角扣件固定在纵向水平杆上；单排脚手架的横向水平杆的一端应用直角扣件固定在纵向水平杆上，另一端应插入墙内，插入长度不应小于 180 mm。

（3）当使用竹笆脚手板时，双排脚手架的横向水平杆的两端，应用直角扣件固定在立杆上；单排脚手架的横向水平杆的一端应用直角扣件固定在立杆上，另一端插入墙内，插入长度不应小于 180 mm。

（4）主节点处必须设置一根横向水平杆，用直角扣件扣接且严禁拆除。

（5）双排脚手架横向水平杆的靠墙一端至墙装饰面的距离不应大于 100 mm。

（6）单排脚手架的横向水平杆不应设置在下列部位：第一，设计上不允许留脚手眼的部位。第二，过梁上与过梁两端成 60° 角的三角形范围内及过梁净跨度 1/2 的高度范围内。第三，宽度小于 1 m 的窗间墙。第四，梁或梁垫下及其两侧各 500 mm 的范围内。第五，砖砌体的门窗洞口两侧 200 mm 和转角处 450 mm 的范围内，其他砌体的门窗洞口两侧 300 mm 和转角处 600 mm 的范围内。第六，墙体厚度小于或等于 180 mm 的部位。第七，独立或附墙砖柱，空斗砖墙、加砌块墙等轻质墙体。第八，砌筑砂浆强度等级小于或等于 M 2.5 的砖墙。

5. 纵向、横向扫地杆搭设

（1）脚手架必须设置纵、横向扫地杆。纵向扫地杆应采用直角扣件固定在距钢管底端不大于 200 mm 处的立杆上。横向扫地杆应采用直角扣件固定在紧靠纵向扫地杆下方的立杆上。

（2）脚手架立杆基础不在同一高度上时，必须将高处的纵向扫地杆向低处延长两跨与立杆固定，高低差不应大于 1 mo 靠边坡上方的立杆轴线到边坡的距离不应小于 500 mm。

6. 连墙件安装

（1）连墙件的布置应符合下列规定：①应靠近主节点设置，偏离主节点的距离不应大于 300 mm。②应从底层第一步纵向水平杆处开始设置，当该处设置有困难时，应采用其他可靠措施固定。③应优先采用菱形布置，或采用方形、矩形布置。

（2）开口型脚手架的两端必须设置连墙件，连墙件的垂直间距不应大于建筑物的层高，并且不应大于 4 m。

（3）连墙件中的连墙杆应呈水平设置，当不能水平设置时，应向脚手架一端下斜连接。

（4）连墙件必须采用可承受拉力和压力的构造。对高度在 24 m 以上的双排脚手架，应采用刚性连墙件与建筑物连接。

（5）当脚手架下部暂不能设连墙件时应采取防倾覆措施。当搭设抛撑时，抛撑应采用通长杆件，并用旋转扣件固定在脚手架上，与地面的倾角应在 45° ~60° 之间；连接点中心至主节点的距离不应大于 300 mm。抛撑应在连墙件搭设后再拆除。

（6）架高超过 40 m 且有风涡流作用时，应采取抗上升翻流作用的连墙措施。

（7）连墙件的安装应随脚手架搭设同步进行，不得滞后安装。

（8）当单、双排脚手架施工操作层高出相邻连墙件两步以上时，应采取确保脚手架稳定的临时拉结措施，直到上一层连墙件安装完毕后再根据情况拆除。

7. 门洞搭设

（1）单、双排脚手架门洞宜采用上升斜杆、平行弦杆桁架结构形式，斜杆与地面间的倾角 α 应在 45° ~60° 之间。

（2）单排脚手架门洞处，应在平面桁架的每一节间设置一根斜腹杆；双排脚手架门洞处的空间桁架，除下弦平面外，应在其余 5 个平面内设置一根斜腹杆。

（3）斜腹杆宜采用旋转扣件固定在与之相交的横向水平杆的伸出端上，旋转扣件中心线至主节点的距离不宜大于 150 mm。

（4）当斜腹杆在 1 跨内跨越两个步距时，宜在相交的纵向水平杆处增设一根横向水平杆，将斜腹杆固定在其伸出端上。

（5）斜腹杆宜采用通长杆件，当必须接长使用时，宜采用对接扣件连接，也可采用搭接。

（6）单排脚手架过窗洞时应增设立杆或增设一根纵向水平杆。

（7）门洞桁架下的两侧立杆应为双管立杆，副立杆高度应高出门洞口 1 ~ 2 步。

（8）门洞桁架中伸出上下弦杆的杆件端头，均应增设一个防滑扣件，该扣件宜紧靠主节点处的扣件。

8. 剪刀撑与横向斜撑搭设

（1）双排脚手架应设剪刀撑与横向斜撑，单排脚手架应设剪刀撑。

（2）每道剪刀撑跨越立杆的根数应按表 9-1 的规定确定。

表 9-1　剪刀撑跨越立杆的最多根数

剪刀撑斜杆与地面间的倾角 a	45°	50°	60°
剪刀撑跨越立杆的最多根数 n	7	6	5

（3）每道剪刀撑宽度不应小于 4 跨，且不应小于 6 m，斜杆与地面间的倾角宜在 45° ~60° 之间。

（4）高度在 24 m 以下的单、双排脚手架，均必须在外侧两端、转角及中间间隔不超过 15 m 的立面上，各设置一道剪刀撑，并应由底至顶连续设置。

（5）高度在 24 m 及 24 m 以上的双排脚手架应在外侧全立面连续设置剪

刀撑。

（6）剪刀撑斜杆的接长应采用搭接或对接。

（7）剪刀撑斜杆应用旋转扣件固定在与之相交的横向水平杆的伸出端或立杆上，旋转扣件中心线至主节点的距离不宜大于 150 mm。

（8）双排脚手架横向斜撑的设置应符合下列规定：①横向斜撑应在同一节间，由底至顶层呈“之”字形连续布置。②开口型双排脚手架的两端均必须设置横向斜撑。③高度在 24 m 以下的封闭型双排脚手架可不设横向斜撑；高度在 24 m 以上的封闭型脚手架，除拐角应设置横向斜撑外，中间应每隔 6 跨设置一道。

（9）开口型双排脚手架的两端均必须设置横向斜撑。

9. 扣件安装

（1）扣件规格应与钢管外径相同。

（2）螺栓拧紧扭力矩不应小于 40 N · m，且不应大于 65N · m。

（3）在主节点处固定横向水平杆、纵向水平杆、剪刀撑、横向斜撑等用的直角扣件、旋转扣件中心点的相互距离不应大于 150 mm。

（4）对接扣件开口应朝上或朝内。

（5）各杆件端头伸出扣件盖板边缘的长度不应小于 100 mm。

10. 斜道搭设

（1）人行并兼作材料运输的斜道的形式宜按下列要求确定：①高度不大于 6 m 的脚手架，宜采用“一”字形斜道。②高度大于 6 m 的脚手架，宜采用“之”字形斜道。

（2）斜道应附着外脚手架或建筑物设置。

（3）运料斜道宽度不应小于 1.5 m，坡度不应大于 1 ∶ 6；人行斜道宽度不应小于 1 m，坡度不应大于 1 ∶ 3。

（4）拐弯处应设置平台，其宽度不应小于斜道宽度。

（5）斜道两侧及平台外围均应设置栏杆及挡脚板。栏杆高度应为 1.2 m，挡脚板高度不应小于 180 mm。

（6）运料斜道两端、平台外围和端部均应按规范规定设置连墙件；每两步应加设水平斜杆，并按规范规定设置剪刀撑和横向斜撑。

（7）斜道脚手板构造应符合下列规定：①脚手板横铺时，应在横向水平杆下增设纵向支托杆，纵向支托杆间距不应大于 500 mm。②脚手板顺铺时，接头宜采用搭接，下面的板头应压住上面的板头，板头的凸棱处宜采用三角木填顺。③人行斜道和运料斜道的脚手板上应每隔 250 ~ 300 mm 设置一根防滑木条，木条厚度应为 20 ~ 30 mm。

11. 栏杆和挡脚板搭设

第一，栏杆和挡脚板均应搭设在外立杆的内侧。第二，上栏杆上皮高度应为 1.2 m。第三，挡脚板高度不应小于 180 mm。第四，中栏杆应居中设置。

（二）拆除要求

第一，扣件式钢管脚手架拆除应按专项方案施工，拆除前应做好下列准备工作：应全面检查脚手架的扣件连接、连墙件、支撑体系等是否符合构造要求；应根据检查结果补充完善脚手架专项方案中的拆除顺序和措施，经审批后方可实施；拆除前应对施工人员进行交底；应清除脚手架上的杂物及地面障碍物。

第二，单、双排脚手架拆除作业必须由上而下逐层进行，严禁上下同时作业；连墙件必须随脚手架逐层拆除，严禁先将连墙件整层或数层拆除后再拆脚手架；分段拆除高差大于两步时，应增设连墙件加固。

第三，当脚手架拆至下部最后一根长立杆的高度（约 6.5 m）时，应先在适当位置搭设临时抛撑加固后，再拆除连墙件。当单、双排脚手架采取分段、分立面拆除时，对不拆除的脚手架两端，应先按规定设置连墙件和横向斜撑加固。

第四，架体拆除作业应设专人指挥，当有多人同时操作时，应明确分工、统一行动，且应具有足够的操作面。

第五，卸料时各构配件严禁抛掷至地面。

第六，运至地面的构配件应按规定及时检查、整修与保养，并应按品种、规格分别存放。

（三）安全管理

（1）扣件式钢管脚手架安装与拆除人员必须是经考核合格的专业架子工。架子工应持证上岗。

（2）搭拆脚手架人员必须戴安全帽，系安全带，穿防滑鞋。

（3）脚手架的构配件质量与搭设质量，应按规定进行检查验收，并应确认合格后使用。

（4）钢管上严禁打孔。

（5）作业层上的施工荷载应符合设计要求，不得超载；不得将模板支架、缆风绳、泵送混凝土和砂浆的输送管等固定在架体上；严禁悬挂起重设备，严禁拆除或移动架体上安全防护设施。

（6）当有6级及以上大风、浓雾、雨或雪天气时应当停止脚手架搭设与拆除作业。雨、雪后上架作业应有防滑措施，并应扫除积雪。

（7）夜间不宜进行脚手架搭设与拆除作业。

（8）脚手架的安全检查与维护，应按有关规定进行。

（9）脚手板应铺设牢靠、严实，并应用安全网双层兜底。施工层以下每隔10 m应用安全网封闭。

（10）单、双排脚手架沿架体外围应用密目式安全网全封闭，密目式安全网宜设置在脚手架外立杆的内侧，并应与架体绑扎牢固。

（11）在脚手架使用期间，严禁拆除下列杆件：第一，主节点处的纵、横向水平杆，纵、横向扫地杆。第二，连墙件。

（12）当在脚手架使用过程中开挖脚手架基础下的设备基础或管沟时，必须对脚手架采取加固措施。

（13）临街搭设脚手架时，外侧应有防止坠物伤人的防护措施。

（14）在脚手架上进行电、气焊作业时，应有防火措施和专人看守。

（15）工地临时用电线路的架设及脚手架接地、避雷措施等，应按现行行业标准《施工现场临时用电安全技术规范》（JGJ 46-2005）的有关规定执行。

（16）搭拆脚手架时，地面应设围栏和警戒标志，并应派专人看守，严禁非操作人员入内。

二、门式钢管脚手架

（一）搭设要求

1. 门式钢管脚手架搭设程序

（1）门式脚手架的搭设应与施工进度同步，一次搭设高度不宜超过最上层连墙件的两步，且自由高度不应当大于 4 m。

（2）门式脚手架的组装应自一端向另一端延伸，应自下而上按步架设，并应逐层改变搭设方向；不应自两端向中间搭设或自中间向两端搭设。

（3）每搭设完两步门式脚手架后，应校验门架的水平度及立杆的垂直度。

2. 门式钢管脚手架及配件搭设

（1）门式脚手架应能配套使用，在不同组合情况下，均应保证连接方便、可靠，且应具有良好的互换性。

（2）不同型号的门架与配件严禁混合使用。

（3）上下棉门架立杆应在同一轴线位置上，门架立杆轴线的对接偏差不应大于 2 mm。

（4）门式脚手架的内侧立杆离墙面净距不宜大于 150 mm；当大于 150 mm 时，应采取内设挑架板或其他隔离防护的安全措施。

（5）门式脚手架顶端栏杆宜高出女儿墙上端或檐口上端 1.5 m。

（6）配件应与门式脚手架配套，并应与门架连接可靠。

（7）门式脚手架的两侧应设置交叉支撑，并应与门架立杆上的锁销锁牢。

（8）上下棉门架的组装必须设置连接棒，连接棒与门架立杆配合间隙不应大于 2 mm。

（9）门式脚手架上下棉门架间应设置锁臂，当采用插销式或弹销式连接棒时，可不设锁臂。

（10）门式脚手架作业层应连续满铺与门架配套的挂扣式脚手板，并应当有防止脚手板松动或脱落的措施。当脚手板上有孔洞时，孔洞的内切圆直径不应大于 25 mm。

（11）底部门架的立杆下端宜设置固定底座或可调底座。

（12）可调底座和可调托座的调节螺杆直径不应小于 35 mm，可调底座的调节螺杆伸出长度不应大于 200 mm。

（13）交叉支撑、脚手板应与门架同时安装。

（14）连接门架的锁臂、挂钩必须处于锁住状态。

（15）钢梯的设置应符合专项施工方案组装布置图的要求，底层钢梯底部应加设钢管并应用扣件扣紧在门架立杆上。

（16）在施工作业层外侧周边应设置 180 mm 高的挡脚板和两道栏杆，上道栏杆高度应为 1.2 m，下道栏杆应居中设置。挡脚板和栏杆均应设置在门架立杆的内侧。

3. 加固件搭设

（1）门式脚手架剪刀撑的设置必须符合下列规定：第一，当门式脚手架搭设高度在 24 m 以下时，在脚手架的转角处、两端及中间间隔不超过 15 m 的外侧立面必须各设置一道剪刀撑，并应由底至顶连续设置。第二，当脚手架搭设高度超过 24 m 时，在脚手架全外侧立面上必须设置连续剪刀撑。第三，对于悬挑脚手架，在脚手架全外侧立面上必须设置连续剪刀撑。

（2）剪刀撑的构造应符合下列规定：第一，剪刀撑斜杆与地面间的倾角宜为 45° ~60° 。第二，剪刀撑应采用旋转扣件与门架立杆扣紧。第三，剪刀撑斜杆应采用搭接接长，搭接长度不宜小于 1000 mm，搭接处应采用 3 个及 3 个以上旋转扣件扣紧。第四，每道剪刀撑的宽度不应大于 6 个跨距，且不应大于 10 m；也不应小于 4 个跨距，且不应小于 6 m。设置连续剪刀撑的斜杆水平间距宜为 6 ~ 8 m。

（3）门式脚手架应在门架两侧的立杆上设置纵向水平加固杆，并应采用扣件与门架立杆扣紧。水平加固杆设置应符合下列要求：第一，在顶层、连墙件设置层必须设置。第二，当脚手架每步铺设挂扣式脚手板时，至少每 4 步应设置一道，并宜在有连墙件的水平层设置。第三，当脚手架搭设高度小于或等于 40 m 时，至少每两步门架应设置一道；当脚手架搭设高度大于 40 m 时，每步门架应设置一道。第四，在脚手架的转角处、开口型脚手架端部的两个跨距内，每步门架应设置一道。第五，悬挑脚手架每步门架应设置一道。

第六，在纵向水平加固杆设置层面上应连续设置。

（4）门式脚手架的底层门架下端应设置纵、横向通长的扫地杆。纵向扫地杆应固定在距门架立杆底端不大于 200 mm 处的门架立杆上，横向扫地杆宜固定在紧靠纵向扫地杆下方的门架立杆上。

（5）水平加固杆、剪刀撑等加固杆件必须与门架同步搭设。

（6）水平加固杆应设于门架立杆内侧，剪刀撑应设于门架立杆外侧。

4. 连墙件安装

（1）连墙件设置的位置、数量应按专项施工方案确定，并应按确定的位置设置预埋件。

（2）在门式脚手架的转角处或开口型脚手架端部，必须增设连墙件，连墙件的垂直间距不应大于建筑物的层高，且不应大于 4.0 m。

（3）连墙件应靠近门式脚手架的横杆设置，距门架横杆不宜大于 200 mm。连墙件应该固定在门架的立杆上。

（4）连墙件宜水平设置，当不能水平设置时，与脚手架连接的一端，应低于建筑结构连接的一端，连墙杆的坡度宜小于 1 ∶ 3。

（5）连墙件的安装必须随脚手架搭设同步进行，严禁滞后安装。

（6）当脚手架操作层高出相邻连墙件两步以上时，在连墙件安装完毕前必须采用确保脚手架稳定的临时拉结措施。

5. 通道口

（1）门式脚手架通道口高度不宜大于 2 个门架高度，宽度不宜大于 1 个门架跨距。

（2）门式脚手架通道口应采取加固措施，并应符合下列规定：第一，当门式脚手架通道口宽度为一个门架跨距时，在通道口上方的内外侧应设置水平加固杆，水平加固杆应延伸至通道口两侧各一个门架跨距，并应在两个上角内外侧加设斜撑杆。第二，当门式脚手架通道口宽度为 2 个及 2 个以上跨距时，在通道口上方应设置经专门设计和制作的托架梁，并应加强两侧的门架立杆。

（3）门式脚手架通道口的搭设应符合规定的要求，斜撑杆、托架梁及通道口两侧的门架立杆加强杆件应与门架同步搭设，严禁滞后安装。

6. 斜梯

（1）作业人员上下脚手架的斜梯应采用挂扣式钢梯，并宜采用“之”字形设置，一个梯段宜跨越两步或三步门架再行转折。

（2）钢梯规格应与门架规格配套，并应与门架挂扣牢固。

（3）钢梯应设栏杆扶手、挡脚板。

7. 加固杆、连墙件等杆件与门架采用扣件连接时的要求

应符合如下规定：第一，扣件规格应与所连接钢管的外径相匹配。第二，扣件螺栓拧紧扭力矩值应为 40 ~ 65 N · m。第三，杆件端头伸出扣件盖板边缘长度不应小于 100 mm。

（二）拆除要求

1. 架体的拆除应按照拆除方案进行施工，并应在拆除前做好下列准备工作：第一，应对将拆除的架体进行拆除前的检查。第二，根据拆除前的检查结果补充完善拆除方案。第三，清除架体上的材料、杂物及作业面的障碍物。

2. 拆除作业必须符合下列规定：第一，架体的拆除应从上而下逐层进行，严禁上下同时作业。第二，同一层的构配件和加固杆件必须按先上后下、先外后内的顺序进行拆除。第三，连墙件必须随脚手架逐层拆除，严禁先将连墙件整层或数层拆除后再拆架体。拆除作业过程中，当架体的自由高度大于两步时，必须加设临时拉结杆件。第四，连接门架的剪刀撑等加固杆件必须在拆卸该门架时拆除。

3. 拆卸连接部件时，应先将止退装置旋转至开启位置，然后拆除，不得硬拉，严禁敲击。拆除作业中，严禁使用手锤等硬物击打。

4. 当门式脚手架需分段拆除时，架体不拆除部分的两端应按规定采取加固措施后再拆除。

5. 门式脚手架与配件应采用机械或人工运至地面，严禁抛投。

6. 拆卸的门式脚手架与配件、加固杆等不得集中堆放在未拆架体上，应及时检查、整修与保养，并宜按照品种、规格分别存放。

（三）安全管理

1. 搭拆门式脚手架或横板支架应由专业架子工操作，并应按特种作业人员考核管理规定考核合格，持证上岗。上岗人员应定期进行体检，凡不适合登高作业者，不得上架操作。

2. 搭拆架体时，施工作业层应铺设脚手板，操作人员应站在临时设置的脚手板上进行作业，并应按规定使用安全防护用品，穿防滑鞋。

3. 门式脚手架作业层上严禁超载。

4. 严禁将模板支架、缆风绳、混凝土泵管、卸料平台等固定在门式脚手架上。

5. 6 级及 6 级以上大风天气应停止架上作业；雨、雪、雾天应停止脚手架的搭拆作业；雨、雪、霜后上架作业时应采取有效的防滑措施，并应扫除积雪。

6. 门式脚手架在使用期间，当预见可能有强风天气所产生的风压值超出设计的基本风压值时，对架体应当采取临时加固措施。

7. 在门式脚手架使用期间，脚手架基础附近严禁进行挖掘作业。

8. 门式脚手架在使用期间，不应拆除加固杆、连墙件、转角处连接杆、通道口斜撑杆等加固杆件。

9. 当施工需要，脚手架的交叉支撑可在门架一侧局部临时拆除，但在该门架单元上下应设置水平加固杆或挂扣式脚手板，在施工完成后应立即恢复安装交叉支撑。

10. 应避免装卸物料对门式脚手架产生偏心、振动和冲击荷载。

11. 门式脚手架外侧应设置密目式安全网，网间应严密，防止坠物伤人。

12. 门式脚手架与架空输电线路的安全距离、工地临时用电线路架设及脚手架接地、防雷措施，应按现行行业标准《施工现场临时用电安全技术规范》（JGJ 46–2005）的有关规定执行。

13. 在门式脚手架上进行电、气焊作业时，必须有防火措施和专人看护。

14. 不得攀爬门式脚手架。

15. 搭拆门式脚手架或模板支架作业时，必须设置警戒线、警戒标志，并应派专人看守，严禁非作业人员入内。

16. 对门式脚手架应进行日常性的检查和维护，架体上的建筑垃圾或杂物应及时清理。

三、工具式脚手架

（一）一般要求

1. 工具式脚手架安装前，应根据工程结构、施工环境等特点编制专项施工方案，并应经总承包单位技术负责人审批、项目总监理工程师审核后实施。

2. 总承包单位必须将工具式脚手架专业工程发包给具有相应资质等级的专业队伍，并应签订专业承包合同，明确总包、分包或租赁等各方的安全生产责任。

3. 工具式脚手架专业施工单位应当建立、健全安全生产管理制度，制订相应的安全操作规程和检验规程，应制订设计、制作、安装、升降、使用、拆除和日常维护保养等的管理规定。

4. 工具式脚手架专业施工单位应设置专业技术人员、安全管理人员及相应的特种作业人员。特种作业人员应经专门培训，并应经建设行政主管部门考核合格，取得特种作业操作资格证书后，方可上岗作业。

5. 施工现场使用工具式脚手架应由总承包单位统一监督，并应符合下列规定：第一，安装、升降、使用、拆除等作业前，应向有关作业人员进行安全教育，并应监督对作业人员的安全技术交底。第二，应对专业承包人员的配备和特种作业人员的资格进行审查。第三，安装、升降、拆卸等作业时，应派专人进行监督。第四，应组织工具式脚手架的检查验收。第五，应定期对工具式脚手架使用情况进行安全巡检。

6. 监理单位应对施工现场的工具式脚手架使用状况进行安全监理并记录，出现隐患应要求及时整改，并应符合下列规定：第一，应对专业承包单位的资质及有关人员的资格进行审查。第二，在工具式脚手架的安装、升降、拆除等作业时应进行监督。第三，应当参加工具式脚手架的检查验收。第四，应定期对工具式脚手架使用情况进行安全巡检。第五，如果发现存在隐患，应要求限期整改，对拒不整改的，应及时向建设单位和建设行政主管部门报告。

7. 工具式脚手架所使用的电气设施、线路及接地、避雷措施等应符合现行行业标准《施工现场临时用电安全技术规范》（JGJ 46—2005）的规定。

8. 进入施工现场的附着式升降脚手架产品应具有国务院建设行政主管部门组织鉴定或验收的合格证书。

9. 工具式脚手架的防坠落装置应经法定检测机构标定后方可使用；使用过程中，使用单位应定期对其有效性和可靠性进行检测。安全装置受冲击载荷后应进行解体检验。

10. 临街搭设时，外侧应有防止坠物伤人的防护措施。

11. 安装、拆除时，在地面应设围栏和警戒标志，并派专人看守，非操作人员不得入内。

12. 在工具式脚手架使用期间，不得拆除下列杆件。第一，架体上的杆件。第二，与建筑物连接的各类杆件（如连墙件、附墙支座）等。

13. 作业层上的施工荷载应符合设计要求，不得超载；不得将模板支架、缆风绳、泵送混凝土和砂浆的输送管等固定在架体上；不得用其悬挂起重设备。

14. 遇 5 级及 5 级以上大风和雨天，不得提升或下降工具式脚手架。

15. 当施工中发现工具式脚手架故障和存在安全隐患时，应及时排除；当可能危及人身安全时，应停止作业，由专业人员进行整改。整改后的工具式脚手架应重新进行验收检查，合格后方可使用。

16. 剪刀撑应随立杆同步搭设。

17. 扣件的螺栓拧紧力矩不应小于 40 N · m，且不应大于 65 N · m。

18. 各地建筑安全主管部门及产权单位和使用单位应对工具式脚手架建立设备技术档案，其主要内容应包含机型、编号、出厂日期、验收、检修、试验、检修记录及故障事故的情况。

19. 工具式脚手架在施工现场安装完成后应进行整机检测。

20. 工具式脚手架作业人员在施工过程中应戴安全帽，系安全带，穿防滑鞋，酒后不得上岗作业。

（二）附着式升降脚手架

1. 安全装置

附着式升降脚手架必须具有防倾覆、防坠落和同步升降控制的安全装置。

（1）防倾覆装置应符合下列规定

①防倾覆装置中应包括导轨和两个以上与导轨连接的可滑动的导向件。

②在防倾导向件的范围内应设置防倾覆导轨，且应与竖向主框架可靠连接。

③在升降和使用两种工况下，最上和最下两个导向件之间的最小间距不得小于 2.8 m 或架体高度的 1/4。

④应具有防止竖向主框架倾斜的功能。

⑤应采用螺栓与附墙支座连接，其装置与导轨之间的间隙应小于 5 mm。

（2）防坠落装置必须符合下列规定

①防坠落装置应设置在竖向主框架处并附着在建筑结构上，每一升降点不得少于一个防坠落装置，防坠落装置在使用和升降工况下都必须起作用。

②防坠落装置必须采用机械式的全自动装置，严禁使用每次升降都须重组的手动装置。

③防坠落装置技术性能除应满足承载能力要求外，还应符合《建筑施工工具式脚手架安全技术规范》（JGJ 202—2010）中相关规定。

④防坠落装置应具有防尘、防污染的措施，并应灵敏、可靠和运转自如。

⑤防坠落装置与升降设备必须分别独立固定在建筑结构上。

⑥钢吊杆式防坠落装置，钢吊杆规格应由计算确定，且不应小于 ϕ 25 mm。

（3）同步控制装置应符合下列规定

①附着式升降脚手架升降时，必须配备有限制荷载或水平高差的同步控制系统。

②连续式水平支承桁架，应采用限制荷载自控系统；简支静定水平支承桁架，应采用水平高差同步自控系统；当设备受限时，可选择限制荷载自控系统。

2. 安装要求

（1）附着式升降脚手架应按专项施工方案进行安装，可采用单片式主框架的架体，也可采用空间桁架式主框架的架体。

（2）附着式升降脚手架在首层安装前应设置安装平台，安装平台应有保障施工人员安全的防护设施，安装平台的水平精度和承载能力应满足架体安装的要求。安装时应符合下列规定：①相邻竖向主框架的高差不应大于 20 mm。②竖向主框架和防倾导向装置的垂直偏差不应大于 5‰，且不得大于 60 mm。③预留穿墙螺栓孔和预埋件应垂直于建筑结构外表面，其中心误差应小于 15 mm。④连接处所需要的建筑结构混凝土强度应由计算确定，但不应小于 C10。⑤升降机构连接应正确且牢固、可靠。⑥安全控制系统的设置和试运行效果应符合设计要求。⑦升降动力设备工作正常。

（3）附着支承结构的安装应符合设计规定，不得少装和使用不合格螺栓及连接件。

（4）安全保险装置应全部合格，安全防护设施应齐备，且应符合设计要求，并应设置必要的消防设施。

（5）电源、电缆及控制柜等的设置应符合《施工现场临时用电安全技术规范》（JGJ 46–2005）的有关规定。

（6）采用扣件式脚手架搭设的架体构架，其构造应符合《建筑施工扣件式钢管脚手架安全技术规范》（JGJ 130–2011）的要求。

（7）升降设备、同步控制系统及防坠落装置等专项设备，均应采用同一厂家的产品。

（8）升降设备、同步控制系统及防坠落装置等应采取防雨、防砸、防尘等措施。

3. 使用要求

（1）附着式升降脚手架应按设计性能指标进行使用，不得随意扩大使用范围；架体上的施工荷载应符合设计规定，不得超载，不得放置影响局部杆件安全的集中荷载。

（2）附着式升降脚手架架体内的建筑垃圾和杂物应及时清理干净。

（3）附着式升降脚手架在使用过程中不得进行下列作业：第一，利用架体吊运物料。第二，在架体上拉结吊装缆绳（或缆索）。第三，在架体上推车。第四，任意拆除结构件或松动连接件。第五，拆除或移动架体上的安全防护设施。第六，利用架体支撑模板或卸料平台。第七，其他影响架体安全的作业。

（4）当附着式升降脚手架停用超过 3 个月时，应提前采取加固措施。

（5）当附着式升降脚手架停用超过 1 个月或遇 6 级及 6 级以上大风后复工时，应进行检查，确认合格后方可使用。

（6）螺栓连接件、升降设备、防倾装置、防坠落装置、电控设备、同步控制装置等应每月进行维护保养。

4. 拆除要求

（1）附着式升降脚手架的拆除工作应按照专项施工方案及安全操作规程的有关要求进行。

（2）应对拆除作业人员进行安全技术交底。

（3）拆除时应有可靠的防止人员或物料坠落的措施，拆除的材料及设备不得抛掷。

（4）拆除作业应在白天进行。遇 5 级及 5 级以上大风和大雨、大雪、浓雾和雷雨等恶劣天气时，不得进行拆除作业。

（三）高处作业吊篮

1. 安装要求

（1）高处作业吊篮安装时应按专项施工方案，在专业人员的指导下实施。

（2）安装作业前，应划定安全区域，并应排除作业障碍。

（3）高处作业吊篮组装前应确认结构构件、紧固件已配套且完好，其规格型号和质量应符合设计要求。

（4）高处作业吊篮所用的构配件应是同一厂家的产品。

（5）在建筑物屋面上进行悬挂机构的组装时，作业人员应与屋面边缘保持 2 m 以上的距离。组装场地狭小时应采取防坠落措施。

（6）悬挂机构宜采用刚性联结方式进行拉结固定。

（7）悬挂机构前支架严禁支撑在女儿墙上、女儿墙外或建筑物挑檐边缘。

（8）前梁外伸长度应符合高处作业吊篮使用说明书的规定。

（9）悬挑横梁应前高后低，前后水平高差不应大于横梁长度的 2%。

（10）配重件应稳定可靠地安放在配重架上，并应有防止随意移动的措施。严禁使用破损的配重件或其他替代物。配重件的重量应符合设计规定。

（11）安装时钢丝绳应沿建筑物立面缓慢下放至地面，不得抛掷。

（12）当使用两个以上的悬挂机构时，悬挂机构吊点水平间距与吊篮平台的吊点间距应相等，其误差不应大于 50 mm。

（13）悬挂机构前支架应与支撑面保持垂直，脚轮不得受力。

（14）安装任何形式的悬挑结构，其施加于建筑物或构筑物支承处的作用力，均应符合建筑结构的承载能力，不得对建筑物和其他设施造成破坏和不良影响。

（15）高处作业吊篮安装和使用时，在 10 m 范围内如有高压输电线路，应按照现行行业标准《施工现场临时用电安全技术规范》（JGJ 46–2005）的规定采取隔离措施。

2. 使用要求

（1）高处作业吊篮应设置作业人员专用的挂设安全带的安全绳及安全锁扣。安全绳应固定在建筑物可靠位置上，不得与吊篮上任何部位有连接。

（2）吊篮宜安装防护棚，防止高处坠物伤害作业人员。

（3）吊篮应安装上限位装置，宜安装下限位装置。

（4）使用吊篮作业时，应排除影响吊篮正常运行的障碍。在吊篮下方可能造成坠落物伤害的范围，应设置安全隔离区和警告标志，人员或车辆不得停留、通行。

（5）在吊篮内从事安装、维修等作业时，操作人员应佩戴工具袋。

（6）使用境外吊篮设备时应有中文使用说明书，产品的安全性能应符合我国的行业标准。

（7）不得将吊篮作为垂直运输设备，不得采用吊篮运送物料。

（8）吊篮内的作业人员不应超过 2 个。

（9）吊篮正常工作时，人员应从地面进入吊篮内，不得从建筑物顶部、窗口等处或其他孔洞处出入吊篮。

（10）在吊篮内的作业人员应佩戴安全帽，系安全带，并应将安全锁扣正确挂置在独立设置的安全绳上。

（11）吊篮平台内应保持荷载均衡，不得超载运行。

（12）吊篮做升降运行时，工作平台两端高差不得超过 150 mm。

（13）使用离心触发式安全锁的吊篮在空中停留作业时，应将安全锁锁定在安全绳上；空中启动吊篮时，应先将吊篮提升使安全绳松弛后再开启安全锁。不得在安全绳受力时强行扳动安全锁开启手柄，不得将安全锁开启手柄固定于开启位置。

（14）吊篮悬挂高度在 60 m 及 60 m 以下的，宜选用长边不大于 7.5 m 的吊篮平台；悬挂高度在 100 m 及 100 m 以下的，宜选用长边不大于 5.5 m 的吊篮平台；悬挂高度在 100 m 以上的，宜选用长边不大于 2.5 m 的吊篮平台。

（15）进行喷涂作业或使用腐蚀性液体进行清洗作业时，应对吊篮的提升机、安全锁、电气控制柜采取防污染保护措施。

（16）悬挑结构平行移动时，应将吊篮平台降落至地面，并应使其钢丝绳处于松弛状态。

（17）在吊篮内进行电焊作业时，应对吊篮设备、钢丝绳、电缆采取保护措施；不得将电焊机放置在吊篮内；电焊缆线不得与吊篮任何部位接触；电焊钳不得搭挂在吊篮上。

（18）在高温、高湿等不良气候和环境条件下使用吊篮时，应采取相应的安全技术措施。

（19）当在吊篮施工遇有雨雪、大雾、风沙及5级以上大风等恶劣天气时，应停止作业，并应将吊篮平台停放至地面，应对钢丝绳、电缆进行绑扎固定。

（20）当施工中发现吊篮设备故障和安全隐患时，应及时排除，可能危及人身安全时应停止作业，并应由专业人员进行维修。维修后的吊篮应重新进行检查验收，合格后方可使用。

（21）下班后不得将吊篮停留在半空中，应将吊篮放至地面；人员离开吊篮、进行吊篮维修或每日收工后应将主电源切断，并应将电气柜中各开关置于断开位置并加锁。

3. 拆除要求

（1）高处作业吊篮拆除时应按照专项施工方案，并应在专业人员的指挥下实施。

（2）拆除前应将吊篮平台下落至地面，并应将钢丝绳从提升机、安全锁中退出，切断总电源。

（3）拆除支承悬挂机构时，应对作业人员和设备采取相应的安全措施。

（4）拆卸分解后的构配件不得放置在建筑物边缘，应采取防止坠落的措施。零散物品应放置在容器中。不得将吊篮任何部件从屋顶处抛下。

（四）外挂防护架

1. 安装要求

（1）根据专项施工方案的要求，在建筑结构上设置预埋件。预埋件应经验收合格后方可浇筑混凝土，并应做好隐蔽工程记录。

（2）安装防护架时，应先搭设操作平台。

（3）防护架应配合施工进度搭设，一次搭设的高度不应超过相邻连墙件以上两个步距。

（4）每搭完一步架后，应校正步距、纵距、横距及立杆的垂直度，确认合格后方可进行下一道工序。

（5）竖向桁架安装宜在起重机械辅助下进行。

（6）同一片防护架的相邻立杆的对接扣件应交错布置，在高度方向错开的距离不宜小于 500 mm；各接头中心至主节点的距离不宜大于步距的 1/3。

（7）纵向水平杆应通长设置，不得搭接。

（8）当安装防护架的作业层高出辅助架两步时，应搭设临时连墙杆，待防护架提升时方可拆除。临时连墙杆可采用 2.5 ~ 3.5 m 长钢管，一端与防护架第三步相连，一端与建筑结构相连。每片架体与建筑结构连接的临时连墙杆不得少于 2 处。

（9）防护架应将设置在桁架底部的三角臂和上部的刚性连墙件及柔性连墙件分别与建筑物上的预埋件相连。

2. 提升要求

（1）防护架的提升索具应使用现行国家标准《重要用途钢丝绳》（GB 8918-2006）规定的钢丝绳。钢丝绳直径不应小于 12.5 mm。

（2）提升防护架的起重设备能力应满足要求，公称起重力矩值不得小于 400 kN-m，其额定起升重量的 90% 应大于架体重量。

（3）钢丝绳与防护架的连接点应在竖向桁架的顶部，连接处不得有尖锐凸角等。

（4）提升钢丝绳的长度应能保证提升平稳。

（5）提升速度不得大于 3.5 m/min。

（6）在防护架从准备提升到提升到位交付使用前，除操作人员外，其他人员不得从事临边防护等作业。操作人员应佩戴安全带。

（7）当防护架提升、下降时，操作人员必须站在建筑物内或相邻的架体上，严禁站在防护架上操作；架体安装完毕前，严禁上人。

（8）每片架体均应分别与建筑物直接连接；不得在提升钢丝绳受力前拆除连墙件，不得在施工过程中拆除连墙件。

（9）当采用辅助架时，第一次提升前应在钢丝绳收紧受力后，才能拆除连墙件及与辅助架相连接的扣件。指挥人员应持证上岗，信号工、操作工应服从指挥、协调一致，不得缺岗。

（10）防护架在提升时，必须按照“提升一片、固定一片、封闭一片”的原则进行。严禁提前拆除两片以上的架体、分片处的连接杆、立面及底部封闭设施。

（11）在防护架每次提升后，必须逐一检查扣件紧固程度；所有连接扣件拧紧力矩必须达到 40 ~ 65 N · m。

3. 拆除要求

（1）外挂防护架拆除的准备工作应遵守以下规定：①对防护架的连接扣件、连墙件、竖向桁架、三角臂应进行全面检查，并应符合构造要求。②应根据检查结果补充完善专项施工方案中的拆除顺序和措施，并应经总包和监理单位批准后方可实施。③应对操作人员进行拆除安全技术交底。④应清除防护架上杂物及地面障碍物。

（2）外挂防护架拆除时应遵守以下规定：①应采用起重机械把防护架吊运到地面进行拆除。②拆除的构配件应按品种、规格随时码堆存放，不得抛掷。

第二节　高处作业安全技术

凡在坠落高度基准面 2 m 以上（含 2 m）有可能坠落的高处进行的作业均称为高处作业。其含义有两个：第一，相对概念，可能坠落的底面高度大于或等于 2 m，就是说无论在单层、多层或高层建筑物作业，即使是在平地，只要作业处的侧面有可能导致人员坠落的坑、井、洞或空间，其高度达到 2 m 及其以上，就属于高处作业；第二，高低差距标准定为 2 m，因为一般情况下，当人在 2 m 以上的高度坠落时，就很可能会造成重伤、残疾，甚至死亡。

一、一般规定

技术措施及所需料具要完整地列入施工计划。

进行技术教育和现场技术交底。

所有安全标志、工具和设备等，在施工前逐一检查。

做好对高处作业人员的培训考核等。

二、高处作业的级别

高处作业的级别可分为 4 级：即高处作业在 2.5 ~ 5 m 时，为一级高处作业；5 ~ 15 m 时为二级高处作业；15 ~ 30 m 时，为三级高处作业；大于 30 m 时，为特级高处作业。高处作业又分为一般高处作业和特殊高处作业，其中特殊高处作业又分为 8 类。

特殊高处作业的分类如下：第一，在阵风风力 6 级（风速 10.8 m/s）以上的情况下进行的高处作业，称为强风高处作业。第二，在高温或低温环境下进行的高处作业，称为异温高处作业。第三，降雪时进行的高处作业，称为雪天高处作业。第四，降雨时进行的高处作业，称为雨天高处作业。第五，室外完全采用人工照明时进行的高处作业，称为夜间高处作业。第六，在接近或接触带电体条件下进行的高处作业，称为带电高处作业。第七，在无立足点或无牢靠立足点的条件下进行的高处作业，称为悬空高处作业。第八，对突然发生的各种灾害事故进行抢救的高处作业，称为抢救高处作业。

一般高处作业是指除特殊高处作业以外的高处作业。

三、高处作业的标记

高处作业的分级以级别、类别和种类做标记。一般高处作业做标记时，写明级别和种类；特殊高处作业做标记时，写明级别和类别，种类可省略不写。